修水贡砚

王令 编著

西南交通大学出版社
· 成 都 ·

图书在版编目（CIP）数据

修水贡砚 / 王令编著. --成都 ：西南交通大学出版社，2023.10
ISBN 978-7-5643-9475-2

Ⅰ. ①修… Ⅱ. ①王… Ⅲ. ①石砚 – 非物质文化遗产 – 介绍 – 修水县 Ⅳ. ①TS951.28

中国国家版本馆 CIP 数据核字（2023）第 169904 号

Xiushui Gongyan

修水贡砚

王令　编著

责任编辑	邵莘越
封面设计	原谋书装
出版发行	西南交通大学出版社 （四川省成都市金牛区二环路北一段 111 号 西南交通大学创新大厦 21 楼）
营销部电话	028-87600564　028-87600533
邮政编码	610031
网址	http://www.xnjdcbs.com
印刷	四川玖艺呈现印刷有限公司
成品尺寸	185 mm × 260 mm
印张	12.25
字数	191 千
版次	2023 年 10 月第 1 版
印次	2023 年 10 月第 1 次
书号	ISBN 978-7-5643-9475-2
定价	298.00 元

《修水贡砚》编委会

序一

修水砚台在宋、明、清三代都有作为贡砚的文献记载。砚石出自修河两岸，沿江多个乡镇出产砚石，有山坑、有水石，所出石材颜色、质地和纹理奇妙多变，大致可作纯赭、青绿、五彩石之分。歙砚、金星砚之黄皮金晕、雨点、鱼子，端砚之火捺、蕉叶，石城砚之山水纹、泥草纹，贵州之紫袍玉带纹等石品在贡砚中都一一具足，贡砚又有紫石、赭砚、金龟砚、修口石等众多别称。

历史上被当作磨墨工具的材料不止砚石，还有粗石、瓦、砖、陶和瓷等，石砚之所以在宋以后能独占鳌头，它自身具备了两个先天条件：一是其质地粗细得宜，好发墨；二是硬度适中，宜雕刻加工成器，物美价廉，保证其可普及应用。当然，砚台文化的繁荣还取决于其他社会因素。

中国文房文化起始于隋唐，鼎盛于宋，发扬于明清。宋人对文具形制、材质、工艺、色泽、装饰的关注超过前面任何一个朝代。由于两宋经济发展总体属于繁荣期，加上以文治国，历届帝王率先垂范，重视文艺事业，对文具的要求就不只是精良二字，还须古雅有韵。上有所好，下有所尚，在文人士大夫群体中很容易就形成了一股以极高的审美趣味去品鉴、拣选、礼赠文房雅器的风气。如宋人陶穀《清异录》记载说："京城北医者孙氏有木频小石屏，石色赤绿，上有正白蒙头坐僧，颇类真，京人相沿，号玉罗汉屏孙家。"大书画家米芾博雅好石，精于鉴赏，他喜爱收藏、把玩各类砚石，撰著《砚史》，还随处发现各类奇石，提出赏石标准，开了我国赏石美学的先河。苏轼自称"平生以文为业，砚为田"。他崇尚枯澹的美学趣味，所贵枯澹者，"谓其外枯而中膏，似澹而实美"，"精能之至，反造疏淡"。对于砚台，他的眼光和见解独特，他非常看重砚石的天然美质，要求雕刻蕴华于朴，藏文于质。他的思想对元明文人的审美趣味有较大的影响。后世画家和工艺家反复以"东坡赏砚"为题，表达了对这种高雅的审美情趣的认同。

考古发掘材料显示，修河石最早被用作砚石可能出现在汉代，现在尚无更多的史料和文物来支撑这一结论。我想这也不是一个非得要去考证的历史问题，因为早期砚台还仅仅是实用器物时，民众往往会因地制宜，就地取材，修河石当作磨墨工具或许比汉还要早。宋代杜绾著《云林石谱》，内中所记全国各地之观赏石一百一十六品，其中就包括了作为砚石的“修口石”。书云：“洪州分宁县地名修口，深土中产石，五色斑斓，全若玳瑁，石理细润，或成物象，扣之稍有声，土人就穴中镌刻为器，颇精致，见风即劲，亦堪作砚，粗发墨。”依杜绾个人所见所闻，当时修口砚的雕刻环境因陋就简，石材单一，似乎商品化生产水平不高，其引人注目之处在于它石理润泽、自然成像，五彩皆备。宋代文人普遍推崇的砚石有龙尾、端石、洮河石、红丝石等，修口砚之所以能走出修水，被京城上流社会知晓，其首功应归北宋大文豪黄庭坚。江西在唐以后便是人文渊薮之地，人才之广，源远流长。修水（义宁）又是比较典型的耕读文化繁盛之地，这为砚雕工艺的传承和传播奠定了社会基础。宋时单一个双井村就考中了四十八位进士，其中就有与苏轼并称“苏黄”的黄庭坚。清代义宁人万承风进士出身，选庶吉士，善书法，担任宣宗侍读长达二十年。近代从修水竹乡又走出“江右陈氏”中的人杰：陈宝箴、陈三立、陈衡恪、陈寅恪、陈封怀等。像这些硕学鸿儒出入朝堂和上层社会，高流佳客之间常常有雅集兴会，自然有益于贡砚走出地域文化的小圈子，进入核心文化圈中，令其石品、艺品得到广泛接受。有了认可度之后，贡砚从开采到雕刻、交易、使用，再到品赏、礼赠、藏玩等整个文化生态就逐渐圆熟。

受形势所限，贡砚在宋代赢得初步名声之后，一入元似乎就沉寂了。沉寂的还不只是贡砚，其他名砚的情况大抵相同。据《婺源县志》记载：“自元兵乱后，砚工久废，琢者日拙，而识砚材者尤鲜。”元代鉴赏家孔齐也说，入元以后，龙尾石基本停止开采，“绝难得佳者”。端砚也经历了一段封坑息业的历史，直到明初才重新开采琢刻。

明代中后期文坛兴起一股文房赏玩之风，此风之盛承接两宋，但远胜两宋。明代砚谱刻绘甚多，许多石理难得，制作精妙的名砚都被图其形体，海内鉴赏家能及时赏之。得出版之力，极易在全国形成较一致的品评标准，或共同趣味。同时，还形成“文房器具，非玩物”的统一价值观。视笔砚精良为人生一乐的高濂在《遵生八笺》中提出品赏古砚的几项审美标准：“赏其砚质之坚腻，琢之圆滑，色之光采，声之清冷，体之厚重，藏之完整，传之久远。”高氏充分调动了视、触、听觉来观察砚石的物理性质和工艺质量，主张“砚不在大，适中为美”。高氏论砚山，须在石纹曲折、峦头起伏、水池深邃等几个要素上能天然成形者，方为难得之物。他旗帜鲜明地反对尚奇、尚巧等世俗的趣味进入文房，反对有意地“镶嵌雕刻求奇”，强调以实用为本、选料精但不求贵、工艺适度、朴素有韵外之致等为基准。同样，公安派领袖袁宏道提出，包括诗文、书画、器物在内的一切乐事都要以“趣”为旨归，他说：“世人所难得者唯趣。趣如山上之色，水中之味，花中之光，女中之态，虽善说者不能下一语，唯会心者知之。”他和高濂的思想既代表了当时文人鉴赏家的审美追求，也为后人从事砚台雕刻等工事确立了健康优美的人文方向。

近代以来，书写工具变革造成文房文化的迅速式微，以至于我们这代人对于“文房之乐”已十分隔膜。好在相关工艺传承未曾中断，特别是在1949年以后，因为大力发展工艺美术集体经济，挖掘、整理、恢复了很多濒危的工艺门类，贡砚也在20世纪50年代末开始复苏。由于打开了东亚贸易渠道，贡砚也跟其他名砚一样经历了批量化生产的时代。这一时期艺人们虽说忙于赶单，但高强度的劳动也容易锻造出精湛的手工技艺。人操作一项技艺在重复了千万次以后往往熟能生巧，巧出智慧。王令的师傅以及师祖就是计划经济时代在大生产中锻炼出来的能工巧匠。

王令正式拜师步入砚台雕刻行当已是20世纪90年代初，当其时，正是经济体制改革时期，也是工艺美术生产组织形式大转型时期。他顺应时变，充分抓住了市场经济带来的人才流动的机会，先后到浙江、福建、广东、江苏等地拜师学艺，又吸收借鉴相邻县市石雕艺术的风格。经过二十余年的磨炼，他才拥有了自己的雕刻公司。在此前后，他密切关注国家非物质文化遗产保护事业的开展，敏锐地意识到贡砚雕刻所承载的历史文化和工巧艺术有保护传承的重要价值，他在省、市、县文化主管部门的指导下，积极开办传习所，招徒授艺，并落实生产性保护方式，把贡砚的社会声望重新树立起来。2021年，王令以所在的企业作为保护单位，将贡砚制作技艺成功申报了第五批国家级非遗保护名录项目。历经千余年的传承和发展，贡砚这才真正成为广受政府和民间重视的一项文化事业和文化产业。单此一事，王令就厥功至伟！

王令的个人技艺有师授，更有巧悟。他转益多师，工法全面，像深浅浮雕、薄意雕、镂空雕技法，样样拿得起。作品题材内容也十分丰富，传统贡砚所雕的形象多龙凤、翠松、花草、熊猫、蝙蝠、牧童横笛、春燕剪柳等，这些他都继承了下来。他尤其喜爱、也擅长刻画巨龙形象，所雕十三吨重的“九龙戏珠砚”可谓刚柔相济、气势磅礴。他的一些砚雕小品也多独创，工精艺绝。所雕题材内容都很接“地气”，像竹编篓子、老鼠偷花生、牛转乾坤、凤凰、蝙蝠等都是老百姓喜闻乐见的事物，这些艺术形象莫不洋溢着诙谐、幽默、明朗、乐观的生活情趣。我们不能在王令作品中强求文雅、含蓄、精微的艺术品格，而要看到他的作品中较好地体现了朴实、诚恳、率真的人民性特点。从非遗保护工作的角度看，保护艺术形式和审美文化的多样性也符合联合国《保护和促进文化表现形式多样性公约》和《保护非物质文化遗产公约》的基本精神。

由于砚台的实用功能大大地减损了，这就要求雕刻者在产品花样、艺术风格、市场等各方面都具有开拓能力。目前，全国各砚台产区主要精力是放在艺术收藏品的创作上，在这方面几乎所有的砚种都有非常出色的创造，像端砚艺人结合新原料极力发展了高浮雕和镂空雕工艺，常有惊世巨作诞生。歙砚艺人巧用石皮石晕，运用薄意雕技法创作出不少构思巧绝、工艺以少胜多的花鸟和山水作品。修水贡砚该如何进一步在艺术收藏砚上做文章，在挖掘利用江右历史文化资源，提升设计构思能力，淬炼技艺风格，提高工艺规范程度上一一突破现状，做出标杆来，这是还要花大力气去追求的。再者，砚石不仅仅可以做砚台，文房所需之物还有砚山、笔格、笔筒、笔海、水注、水盂、洗子、印章、笔搽、墨床、镇纸、香炉、插屏、花插等十数种器物，每一种器物都可以有层出不穷的造型变化，它们都可以用砚石来制作，而且符合“静者寿”的文房文化传统。

在王令的《修水贡砚》一书将要出版之际，我作为他的乡亲好友，献上祝福的话，祝愿他能继续引领行业，不断追求卓越，将修水这份文化事业和产业发扬光大！

是为序。

中国艺术研究院工艺美术研究所所长、二级研究员、博士生导师

中国工艺美术学会副理事长

2021年中国非物质文化遗产年度人物

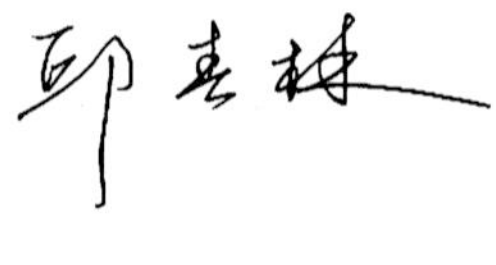

2022年11月于北京

序二

王令先生是第五批国家级非遗项目修水贡砚制作技艺国家级非遗代表性传承人，从事砚雕技艺30余年。2010年贡砚制作技艺获批第三批江西省级非遗保护名录；2018年贡砚制作技艺被列入第一批江西省传统工艺振兴目录。由于王令先生的坚持不懈，经过三轮连续申报，2021年修水贡砚制作技艺被列入第五批国家级非遗保护名录。

王令先生立足于修水本土石料特点，以精益求精的工匠精神传承修水贡砚制作技艺。他因材施艺，博采众家风格，追求形神兼备，将创新、收藏、实用融会贯通，潜心创作打磨，务使每方砚都为精品、孤品，多年来有多方作品在省内外、全国性的非遗及工艺美术大赛中屡获佳绩。其中《庆祝奥运》砚荣获2015年中国工艺美术百花奖金奖，《龙飞》砚荣获2015年中国工艺美术华艺林金奖。《福如东海》荣获2018年第一届江西省文化创意大赛文化创意设计优秀奖。2019年，他精心雕刻出重达7.5吨的“砚王”一方。

拥有精湛技艺的他，注重培养工艺传承的接班人，获其专业指导的丁奇珍在各项大赛中有突出表现。王令先后带动5位九江市级非遗代表性传承人就地就业。同时，他利用自身的资源优势，响应国家“脱贫攻坚”号召，开办“非遗扶贫工坊”，帮助贫困户就业，让他们实现个人脱贫解困。

10余年来，王令先生积极配合修水县文化广电新闻出版旅游局、县非物质文化遗产保护中心，深入全县各个乡镇场，整理和研究修水贡砚传承手工制作技艺的史料，2022年编撰完成《修水贡砚》一书，首次将修水贡砚的历史渊源、技艺特征和矿坑分布进行了全面的考证和梳理，这是修水多少年来前人没有做过的事情，值得称赞和庆贺！

王令先生是修水县民间艺术家的杰出代表，其砚雕作品《庆祝奥运》入编《修水县文物志》；是修水县承前启后的砚雕技艺大师，他把修水贡砚制作技艺发扬光大，并使之传承有序。同时，他堪称修水城市资源对外传播的文化大使，他的作品先后入藏于全国数十家博物馆或非遗展示馆。

在此，希望王令先生在今后的非遗保护之路上，继续在艺术创作、文化交流、成果展览上取得好的成绩，在人才培养、技艺传承、学术研究上取得新的突破。

八百里修江文脉绵延，五千年古邑文风盛炽，前有大宋黄庭坚的高峰兀立，后有中国文化“万里长城”——义宁陈门五杰的气象万千，如今的修水在“文化强国”战略的建设中，势必创造新的辉煌！

修水县文化广播电视新闻出版旅游局局长

梁　红

2022年10月25日

序三

中华文明，源远流长。文房四宝是东方传统文化传播、延续、弘扬的重要工具，而作为文房四宝之一的砚，更承载着华夏五千年的灿烂历史。从原始社会的研磨器到秦汉时期砚正式与笔墨结合，从唐宋时期的“四大名砚”，到今天的群砚争辉，砚文化可谓蔚为大观。

然而，随着人类文明的进步和科技的发展，传统的书写工具文房四宝已不能满足今天人们日益快捷的工作和生活需要，各种书写用笔自不必说，电脑、键盘、鼠标都已成为书桌上无可争议的“霸主”，这种书写方式的改变使砚的使用率越来越小，使用者也越来越少。除端、歙等极少数名砚外，相当多的砚种资金匮乏，产品滞销，经营困难，加之制砚本来就是一个很脏、很累、很苦且经济效益不高的行业，由此造成了砚雕人才大量流失，一些小砚种更是举步维艰，濒临灭绝的危险。

在当前市场经济环境下，我们不能指责那些为了生存乃至更好生活弃砚而去者，因为那是他们的权利，但我们似乎更应当给那些受得住清贫、耐得住寂寞、吃得起苦、坚韧执着守望着砚田的雕砚人点一个赞。本书的作者王令老师就是其中之一。

王令老师出生在江西省修水县，这里是江西四大名砚之一的修水贡砚的故乡，王令老师自入行以后，便立志要使贡砚这个清代道光年间曾为宫廷“贡砚”的名砚走出困境，重现辉煌。三十余年来，他善于学习、勤于实践、勇于探索、敢于开拓，比较全面地继承了贡砚的雕刻制作技艺，创作出不少贡砚雕刻的艺术精品。他斩获多项大奖，形成了自己的独特风格，成为当今贡砚雕刻的领军人物，江西省工艺美术家，国家级非遗项目修水贡砚省级代表性传承人。如今贡砚的雕刻者只剩7家，但王令面对重重难以想象的困难依然坚守着贡砚这块最后的阵地，其精神和行为让人肃然起敬。更让人钦佩的是王令老师长期从事砚雕艺术的实践，在积累了十分丰富的制砚经验的同时，也在制砚理论上取得了突出的成果。《修水贡砚》一书认真阐述了贡砚的历史沿革、砚石特质、雕刻技艺、制作流程、艺术品位等各个方面，是第一本客观、公正、全面推介贡砚的成功著述。

我对贡砚了解不深，故为此书写序颇感为难，好在王令老师的人品和敬业精神令我感动，故缀此数言为序，也算是我对该书出版的祝贺。

中华砚文化汇典副主编
关　键
2015年9月26日
于说结冷砚斋

目录

第一节　从中国砚史说起

砚，在我国的文明史上，和纸、笔、墨一样对传播文化艺术发挥了极其重要的作用。砚也是综合性工艺品，在文房四宝中最具有收藏价值。从这个意义上说，“砚为四宝之首”。有人这样评论：“论文房四宝者，必云纸笔墨砚，惟笔不能耐久，所谓老不中书；纸置久则酥脆，难于使用；墨陈失去胶性，而易散碎，均难久蓄。惟砚性质坚固，传万世而不朽，历劫而如常，故砚之为留千古而永久者。”宋代苏易简《文房四谱》云：“四宝砚为首，笔墨兼纸，皆可随时收索，可与终身俱者，惟砚而已。”

古代事物见之于文字，最初是刀刻，进而用漆书。到了殷商时代，有人发现石墨，把石墨研磨在石片或瓦片上，石片或瓦片即承担了砚的功能。汉许慎《说文解字》解释研曰：“研，石䃺也。”石䃺即石磨盘。作为“砚”的滥觞，在先秦及以前，研磨器作为调制颜料的工具被广泛应用。“砚”的称谓始于汉代，汉刘熙《释名释书契》云：“砚，研也，研墨使和濡也。”汉许慎《说文解字》云，“砚，石滑也”，与研磨同义。东汉时研石发展为砚，砚形制正式确立。根据出土文物可知，汉砚材除石质外，还有木制、陶制、铜制等，大多砚都配有砚盒。形制以圆形、方形为主。魏晋南北朝时期，还出现了瓷砚，但是石砚为砚中主流，西晋张华《博物志》记载：“天下名砚四十有一，以青州红丝石为第一。”魏晋时期砚形仍以方形、圆形居多。到了隋唐时期，石砚名品开始大量涌现，著名石砚品种如端砚、歙砚相继出现，成为唐代及后世最主要的砚品。庐山出产的金星宋石砚也成为石砚中的名品。

另外，瓦砚、砖砚在唐代十分流行，所谓的瓦砚、砖砚，就是唐代人以秦汉时期宫殿废弃的瓦砖改制而成的砚品。隋唐砚的形制丰富多样，初期多足砚最为流行，盛唐以后，箕形砚成为主流。到了宋代及以后，砚业得到较大发展，文人自制砚及其鉴藏风气随之兴盛，“文房四宝”之名正式出现，大量砚类著述也随之产生。

以著述为例，有宋以来，有米芾的《砚史》、欧阳修的《砚谱》、蔡襄的《文房四说》；明清以后，项元汴的《蕉窗九录》、董其昌的《筠轩清秘录》、赵希鹄的《洞天清录》中也有对砚台的精彩论述。

文人之有砚，犹美人之有镜。自古以来，文人爱砚。苏轼“平生以文为业，砚为田”。苏轼曾以剑换砚，连黄庭坚的拜师礼都是一方洮河石砚。乾隆皇帝更是古砚大藏家，乾隆皇帝于乾隆四十三年（1778）命内廷侍臣于敏中等人甄别所藏砚石之优劣，作成图谱，厘为24卷，此《钦定西清砚谱》图文并茂，勾摹俱精，全书所收历史名砚，上起汉唐，下至乾隆本朝所制，共计240方，端、歙、澄泥、砖、瓦、松花石、紫金石、红丝石等诸种类无所不包。至今，《钦定西清砚谱》著录诸砚，仍有大部分传世，分别珍藏于故宫博物院、国家博物馆、台北故宫博物院等处，也有少量流散于海外和民间者。

砚台也名为“砚池”，谓凹形砚。唐杜荀鹤《题弟侄书堂》诗：“窗竹影摇书案上，野泉声入砚池中。”《警世通言·王安石三难苏学士》：“东坡开砚匣，看了砚池，是一方绿色端砚，甚有神采。”清王端履《绝句》：“风雪连朝睡起迟，砚池冰满罢吟诗。”清俞樾《茶香室三钞·王逸少砚池异迹》：“山阴兰亭，有逸少砚池。朝廷每有颁诏礼，则池水尽黑，可以染缁。”

2005年，国务院公布第一批国家级非物质文化遗产保护名录，九江的金星砚与端砚、歙砚作为砚台制作技艺类赫然名列其中。2008年，易水砚、澄泥砚、洮砚制作技艺被列入第二批国家级非物质文化遗产保护名录。2011年贺兰砚制作技艺以拓展项目被列入第三批国家级非物质文化遗产保护名录。2015年松花石砚制作技艺以拓展项目被列入第四批国家级非物质文化遗产保护名录。2021年修水贡砚、赣州石城砚、贵州思州石砚制作技艺、北京潭柘紫石砚雕刻技艺被列入第五批国家级非物质文化遗产保护名录。

修水使用砚的历史基本与全国同步，1976年，考古人员在渣津坪上清理东汉墓时，出土文物中有砚。考证其砚料，为本县修口石，说明汉代时，该县即开始制作、使用砚台。

修水砚台能够成为贡砚，离不开两个前提，一是文化兴盛，修水籍知名人士黄庭坚、万承风等人的使用、赞誉、推介使其声名远播；二是质量优良，雕刻精致，与其他名砚比毫不逊色。

第二节　修水贡砚的历史沿革

修水贡砚亦名赭砚，与江西玉山罗纹砚、婺源龙尾砚、星子金星砚并列为“江西四大名砚”，称誉一时。修水贡砚的制作始于汉，兴于宋，盛于清代，绵延千余年而得到继承。

据实物推测，秦汉时期修水已经开始生产砚池。修口、谭家埠等地盛产砚石，此两地砚石石质嫩而坚，细成波纹，滑如冻冰，晶莹如玉，制成的砚池具有易发墨、贮水不涸、历寒不冻、墨书鲜久、不损毫锋等特点。

三国、两晋、南北朝时期，修水史志、家谱出现有关砚的记载。据修水《余氏家谱》记载，“修口梅岭产石赭，可制砚”。隋、唐两朝，有关于砚的形制记载，如当地熊氏家谱载，“得陈氏砚一方，赭色，质细密，长方形制，外饰瓜蔓”，说明砚台已经成为馈赠佳品。周氏家谱则记载，“取翠绿石数枚，雕琢之，分示家人”，说明当时已经出现把制作好的砚台与家人共同欣赏的乐事。

1976年1月，江西省博物馆考古人员在渣津坪上清理东汉墓时，出土器物中有砚。考证其砚料，为本县修口石，说明汉代时，该县即开始制作、使用砚台。

早在唐代时就出现了制作赭砚的作坊。宋朝，修水赭砚开始扬名于全国文化界。1998年《文房四宝》杂志记载：“北宋时期各大文人中，惟有黄庭坚爱故乡砚台。”这证明，江西诗派鼻祖黄庭坚为修水赭砚的推广发挥了极大作用，他不但自己使用家乡的砚台，而且多次携带砚台，作为馈赠佳品，送好友苏轼、佛印等，赢得极高赞誉。

黄庭坚对砚石尤为青睐。他曾在好友刘昱处得到一方洮河绿石砚，感慨之余即兴赋诗：“久闻岷石鸭头绿，可磨桂溪龙文刀。莫嫌文吏不知武，要试饱霜秋兔毫。”元祐九年（1094），山谷赐知宣州（今安徽宣城），正在老家居母丧的黄山谷，赴任途中过婺源进龙尾山考察歙砚，留下著名诗篇《砚山行》。

元朝，修水史料罕见砚台文字。至明朝建立，文化逐渐复兴，修水砚台恢复生产，有关砚台制作、馈赠文字多见于史志、家谱，如明熹宗时修水知名文人虞集撰文曰：“宁州西南二十里，有梅岭，产赭石，乡人制砚，易发墨，不损毫。”

清代，清宣宗侍读、书法家、修水籍人士万承风曾将一方赭砚进献道光皇帝面前，被视为珍品，因其颜色为赭色，帝喜，因砚石赭色特赐修水砚为“赭砚”，列为清宫贡品，时人俗称修水砚为贡砚。

除“赭砚”之名外，修水贡砚又名为“金龟砚”。“山谷铭曰叔祖公溥得石溪浒，剖璞见龟，以荐书府。”

修水石又名“紫石”。《义宁州志》（同治版）记载：“紫石，出武乡谭家埠紫石潭山，亦名紫石岭，石出水中者，良而坚，易发墨，琢为砚，类端溪新岩石。”

修水石还被称为“修口石”，修水贡砚早在宋代称为“修口石砚”。宋代杨亿《石砚》记载过修口石。宋代杜绾《云林石谱》记载：“修口石：洪州分宁县地名修口，深土中产石。五色斑斓，全若玳瑁，石理细润，或成物像。扣之，稍有声。工人就穴中镌砻为器，颇精致。见风即劲，亦堪作研，虽粗而发墨云。”

修口石石料珍稀，由轻微泥岩构成，内含硫化铁结晶，大者如核桃，小者如米粒。色泽以自然褐色为主，嵌有翠绿色，佳者兼有金星、鱼子、鸡血藤、水波等纹理，似一幅天然的山水画，观之令人赏心悦目。

修口石最宜制作砚台，早在唐宋时期，修水就有手工作坊生产，成砚称“修水赭砚”或“修口石砚”。该砚的特点是，触笔细而不滑，发墨速而不粗，贮水久而不涸。上好的修口砚石质细腻，呵气成云。

抗日战争时期，修水烈士丁建亚曾用自制贡砚磨墨撰写抗日文章，表达保家卫国的决心，为时人所敬仰，也为贡砚增添了传奇色彩。

中华人民共和国成立后，修水木器社（后改为修水县工艺美术厂）、修水县特种工艺厂集诸多艺人制作贡砚，后虽几经辗转，但传统工艺一直流传至今。

2021年，贡砚制作技艺被列入第五批国家级非物质文化遗产代表性项目名录。

第三节　修水贡砚的生产状况

宋代，砚台已由唐代的陶砚演变为石砚。社会风气的变化使得人们对砚的需求不断增加，同时宋代造纸业的发展、印刷术的发明也促使砚得到进一步的发展。砚台使用的普及使文人墨客对砚台表现出浓厚的兴趣。人们对其要求不仅停留在实用上，随着名坑名砚不断发掘和生产，人们对其开发、制作、工艺提出更高的要求。“四大名砚”虽在唐代就初见端倪，但正式确立是在宋代。“四大名砚”因其丰富多姿的石品花纹，不断创新的形制花式，典雅考究的雕刻工艺，为文人阶层所认同，对其盛赞不已，影响所及，上达帝王公卿，下至庶民学子。

清朝末期民生凋敝、民国初期战火纷飞，修水赭砚的制作规模不断缩小。据居住于四都镇噪口梅岭脚下的高清吉先生回忆：“我七八岁时，这里有个制作砚台的老师傅，叫黄贤华，当时快九十岁，他开了个砚台行，请五个师傅制作砚台。使用的石料就是这里后山上的石头。”因为该地就是赭砚石料的主要生产地，窥一斑知全豹，从该地砚台制作规模即可知全县赭砚的生产情况。

民国时期，战乱不断，经济停滞，民不聊生。在内忧外患的时代背景下，各地砚石开采停滞，大小工坊关闭停产，制砚艺人流落他乡。民间虽有砚的零星制作，但大多器型单调、主题浅显、雕刻粗简，与清代时期的辉煌气势相比有天壤之别，砚台制作发展到了低谷阶段。

此时修水砚台也有零星制作，多延续了清代砚式与风格，主要形制为长方形砚和圆形（盒）砚等，此间也有少量的文人砚、民俗砚、砖瓦改制砚等出现。砚的材质种类也大为减少，多是简为易工之材。墨汁的大量使用，促进可以储墨的墨盒出现，进而砚的产量更为稀少。

20世纪三四十年代，南昌的作坊也从修水收贡砚砚材，用船运回南昌。

中华人民共和国成立后，修水赭砚迎来了生产的黄金时期。50年代后期，修水刊刻社恢复贡砚生产，原料为修水特产花纹紫石，产于白鹇坑、谭家埠、紫石潭诸地。白鹇坑之石料有五色花纹，谭家埠之石料呈深紫色，而石质嫩而坚，细成波纹，滑如冻冰，晶莹如玉，制成砚有易发墨，贮水不涸，不损毫锋等特点。（石料来自四都、征村，两个地方每年向工艺美术厂卖出石料数十万公斤，成为当地村民重要经济来源。）在规模扩大同时，修水赭砚美名进一步弘扬。

1974年在第三十六届秋季广交会上，仅一名日本商人就订购一万方雕砚和素砚。

1975年修水工艺美术厂成立，正式将贡砚定为重点产品。通过技术改造，增添设备，贡砚发展进入鼎盛时期。产品除上海、北京、西安、广州等各大城市外，还多次远销到日本及东南亚各国。

1984年，修水赭砚参加全国文房四宝展览会，博得专家好评，外商争相订购。该厂产品远销日本、韩国、新加坡和东南亚各国。1984年出口5088方，最高峰时期销售额达5万多美元，同时还畅销北京、上海、天津等20多个省市。有龙凤、翠松、花草、熊猫、蝙蝠、牧童横笛、春燕剪柳等80多个花色品种。

1985年，“立体寿龟砚”获九江市新产品证书。

1987年，修水贡砚被江西省经委评为江西省优质产品。

20世纪90年代实行企业改制，修水工艺美术厂改为私有企业，很多从事赭砚制作技艺的师傅下岗；特别是随着人类文明的进步和社会、科技的发展，传统文房四宝受众面越来越狭窄，贡砚作为书写工具的功能已经满足不了人们日益快捷的生活和工作需要，这两方面是修水贡砚衰落的主要原因。

修水贡砚虽经历跌落起伏，但原修水县工艺美术厂、修水县特种工艺厂培养出的7名大师仍坚持不懈地进行传统手工雕刻，并在工艺上大胆借鉴其他名砚的雕刻技术，集南派细腻与北派粗犷于一体，颜色别具一格，形成修水贡砚的鲜明特色，在全国性工艺美术创作比赛中多有斩获，为贡砚的传承发展奠定了基础。

修水贡砚当前为手工作坊方式生产，从事贡砚生产的有7家公司，年消费砚石十余吨，产值数百万元。

第四节　修水贡砚产生的人文环境和地理环境

一、人文环境

修水县文化底蕴深厚，距今约5 000年的山背文化是长江中下游新石器时代晚期文化代表；距今3 000余年的商封艾候国开启修水文化的礼仪教化先河；战国时期屈原在修河一带行吟，为修水灌注了忠君爱国、关注人民命运的人文精神；吴头楚尾的地理位置决定了该地民风淳朴强悍，士风急公好义。

修水文化的繁荣兴盛开始于黄中理、周敦颐创办书院。自宋至清，修水创办书院25所，私塾不计其数。先后培养了宋代诗书双绝黄庭坚、抗击西夏入侵的紫金光禄大夫徐禧、南宋礼部尚书莫将等“宋元八贤”，培养了明朝兵部尚书、左都御史周季麟、周季凤兄弟，清代宣宗侍读万承风，支持和从事维新变法的湖南巡抚陈宝箴，同光体诗派领袖陈三立等。自唐至宋代，全县共有进士209名，举人317名，仅宋代即有进士160名。有宋一代，双井村黄氏即有进士48名，被后人称为华夏进士第一村。清末废除科举办新学，修水也代继有人，陈三立长子陈衡恪是现代著名画家，为齐白石的提携者，三子陈寅恪为闻名海内外的国学大师，是清华“四大导师”之一。古琴大师查阜西是新中国的音乐家协会副主席，徐瀛芳被誉为“中医科学化先锋”。当代著名人物还有著名植物学、华南植物研究所所长陈封怀，中国书法家协会副主席黄绮和著名京剧表演艺术家黄蜚秋等。

修水传统文化中，别具特色的有佛教黄龙宗和道教万寿宫、地方戏剧宁河戏。黄龙宗是中国佛教禅宗五家七宗之一，影响遍及东南亚。万寿宫为祭祀道教净明派创始人许逊的场所，有文字记载的有50座。宁河戏为江西古老剧种之一，与黄梅戏有传承关系。

二、地理环境

修水自然环境优越。地处江西西北部修河上游，居幕阜山和九岭山脉之间，与湖南、湖北毗邻。古有吴头楚尾之称，今有“三省九县中心”之名。地理坐标东经113°56′23″至114°56′49″，北纬28°41′41″至29°22′16″。属亚热带湿润季风气候，四季分明，热量丰富，无霜期长，光照较多，雨量充沛。平均气温16.8度，日照1 600小时，年降水1 606毫米，年均无霜期254天。县境四周群山环绕，最高海拔东部九岭山脉山门峡1 716.5米，最低在修河出境处75米。西北部幕阜山有海拔1 000米以上高峰28座，东南部九岭山脉有海拔1 000米以上山峰27座。发源于境内黄龙山和铜鼓大沩山的修河汇集12条主要支流，自西向东流灌全境，境内流域面积4 227平方公里，占全县面积94%。总体地形和土地利用为“八山半水一分田，半分道路和庄园”，是一个典型山区县。

修水距南昌、长沙、武汉路程200余里，交通便利，民国前交通运输主要靠贯穿全境的修河，修河是江西五大水系之一，通鄱阳湖，与长江相接。新中国成立后，三条省道贯穿全境，大广高速自北向南纵横县境东南。

修水地质构造复杂，近一半面积分布着远古地层双桥山群，各地质年代地层均有出露，晋宁期和燕山期的火山活动形成多个单元岩浆岩。修水运动、晋宁运动、印支运动、燕山运动、喜马拉雅运动产生一系列褶皱和断裂，形成多样的构造形态和丰富的矿产。如修水砚石主要产地征村属于中元古界双桥山群沉积岩，岩性为板岩、砂质板岩、变余石英细砂岩、变余粉砂岩。而另一个重要的砚石产地四都噪口属于上古生界二叠系，岩性为炭质页岩、泥质页岩、赭色纯质石灰岩组成，其中的赭色石灰岩就是制砚的主要材料。修水还出产金、银、铜、钨、铀、铁、锡、铅、锌等金属矿产和高岭土、石英石、花岗岩等非金属矿产。

第五节　修水贡砚的历史地位及文献记载

修水贡砚因为质地优异、雕刻精致，一直得到文人推崇、方家赏识，是江西名砚之一，中国历史名砚之一，可与各地著名砚种相媲美。

自宋代开始，有关贡砚的文字记载越来越多。

（1）宋代杜绾《云林石谱》载："洪州分宁县（今修水县）地名修口，深土中产石。五色斑斓，全若玳瑁，石理细润，或成物像；扣之，稍有声。工人就穴中镌砻为器，颇精致。见风即劲，亦堪做研，虽粗亦发墨云，故此修水赭砚又称为修口石砚。"翻译成现代文就是，洪州分宁县有个地方叫修口，土壤深处出产一种石头。色泽五彩斑斓，完全和珍奇的玳瑁一样，纹理非常细腻，有的很像动物和器皿的形状，敲击它的时候会发出微弱的声音。采石工人在洞穴中将这种石头打造成器皿，非常精致。这种石头见风后会变得更加坚硬，也可以用来作砚台，虽然质地粗糙但发墨的效果非常好。

该书又载："黄庭坚铭文润而密，滋而坚，不加雕琢，法自自然。"

该书记载修水水坑石砚："色微紫，质细，性温润，长四寸，阔二寸，余厚寸许，下有握手空处，旁撰云林二字，旧物也，向为姜太史西冥所藏。"

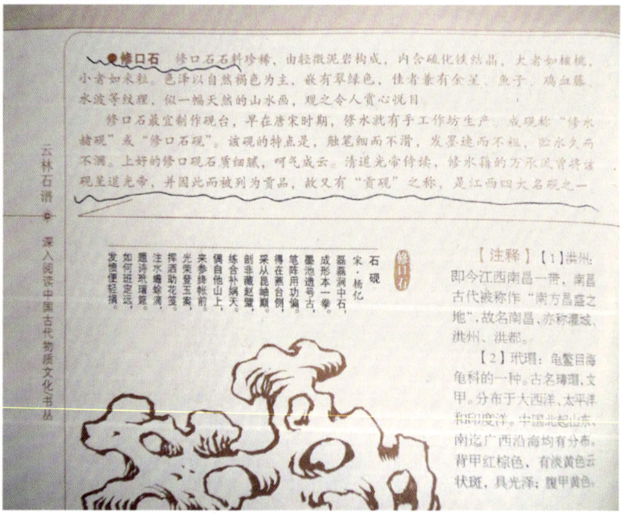
修口石　修口石石料珍稀，由轻微泥岩构成，内含硫化铁结晶，大者如核桃，小者如米粒。色泽以自然褐色为主，嵌有翠绿色，佳者兼有金星、鱼子、鸡血藤、水波等纹理，似一幅天然的山水画，观之令人赏心悦目。

修口石最宜制作砚台，早在唐宋时期，修水就有手工作坊生产，成砚称"修水赭砚"或"修口石砚"。该砚的特点是，触笔细而不滑，发墨速而不粗，贮水久而不涸。上好的修口砚石质细腻，呵气成云。清道光帝侍读，修水籍的万承风曾将该砚呈道光帝，并因此而被列为贡品，故又有"贡砚"之称，是江西四大名砚之一

石砚　宋·杨亿

【注释】【1】洪州：即今江西南昌一带，南昌古代被称作"南方昌盛之地"，故名南昌，亦称灌城、洪州、洪都。

【2】玳瑁：龟鳖目海龟科的一种。古名瑇瑁，文甲。分布于大西洋、太平洋和印度洋。中国北起山东，南迄广西沿海均有分布。背甲红棕色，有淡黄色云状斑，具光泽；腹甲黄色

云林石谱 · 深入阅读中国古代物质文化书丛

《云林石谱》封面及书影

（2）宋代杨亿撰《修口石》诵之：“磊磊涧中石，成形本一拳。墨池遗号古，笔阵用功偏。得在燕台侧，采从昆岫巅。剖非藏赵壁，练合补娲天。偶自他山上，来参绛帐前。光荣登玉案，挥洒助花笺。注水蟾蜍滴，题诗玳瑁筵。如何班定远，发愤便轻捐。”这首诗简练描写了贡砚砚石采挖、雕刻的过程，浓墨重彩地抒发了使用贡砚的喜悦心情，从一个侧面证明宋代贡砚已经进入文人墨客书房。

（3）宋代苏易简《说砚》记金龟砚载：“山谷铭曰，叔祖公溥得石溪（修水一地名）砚，浒剖璞见龟以荐书府石有建龟峰中书府”，“宁州岁贡砚十枚”。

（4）清代朱二垞著《砚小史》记载了山谷老人及“水坑贡砚”。

（5）《义宁州志》（同治版）载：“紫石出武乡谭家埠之紫石潭，山亦名紫石岭（今征村乡），石出水中者，良而坚，发墨，琢为砚，类端溪新岩石。”也就是说，紫石岭采的砚石雕琢为砚台，可以与端砚相媲美。

（6）明代《宁州志》载：“宁州岁贡砚十枚。”

（7）《中国砚台图录》载：“赭砚，传统名砚之一，也称贡砚，产自江西省修水县，始出于唐代，此砚材以赭黄为主，偶有绿晕，还有纯做绿色的，赭石色泽凝重，石质腻润华丽，研磨无声，发墨细快，利毫保温。赭砚的雕刻工艺，既有端砚的细腻精巧的风格，也有北派豪放的气度，向来受到人们的青睐。”中华人民共和国成立后，修水贡砚迎来发展高峰，该县工艺美术厂生产的贡砚走向市场，进入书法、书画名家书斋，大家多有赞誉。

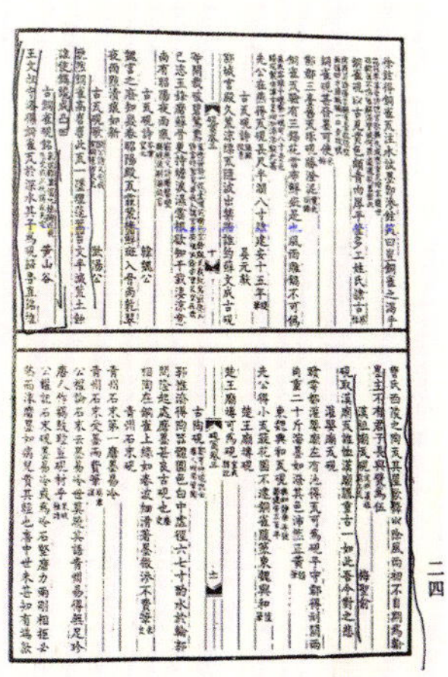

《说砚》书影

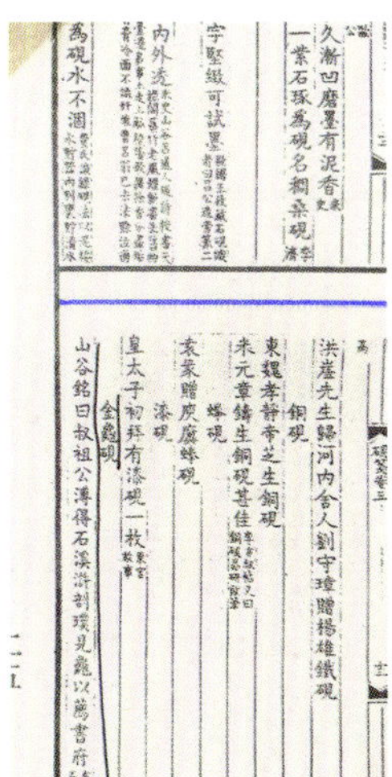

《砚小史》书影

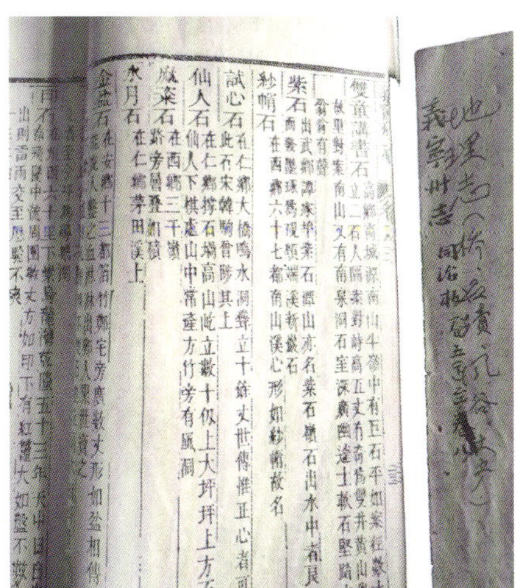

《义宁州志》（同治版）书影

（8）卢发义《修水贡砚》载：“修水贡砚，又名赭砚。其以赭色为主体，翠绿为镶嵌，兼分五色，凝视怡人，且质地坚而不顽，触笔细而不滑，发墨速而不粗，贮水久而不涸，色泽、质地均别具一格，为历代书画家所珍爱。北宋大诗人、书法家黄山谷曾将此家乡特产广赠予友。”

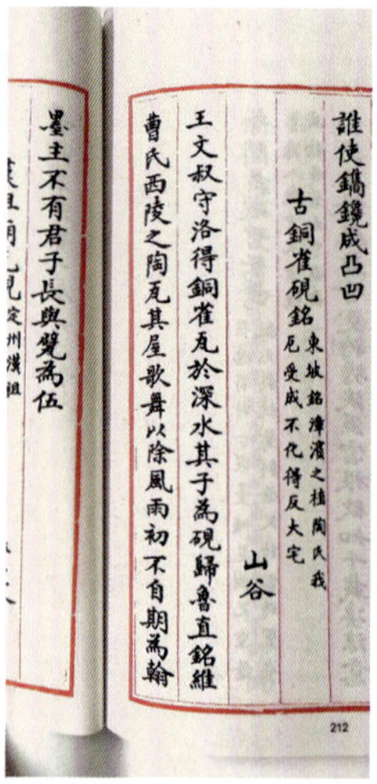
誰使鐫鐫成凸凹
古銅雀硯銘 東坡銘漳濱之植陶氏我 瓦受成不化得反大宅
山谷
王文叔守洛得銅雀瓦於深水其子為硯歸魯直銘維
曹氏西陵之陶瓦其屋歌舞以除風雨初不自期為翰
墨主不有君子長與覺為伍

《砚笺》书影

（9）高似孙《砚笺》载“山谷铭曰叔祖公溥得石溪浒剖璞见龟以荐书府”，说明黄庭坚叔公曾在修水制过砚台，而黄庭坚尤其喜家乡贡砚。

（10）1998年《文房四宝》杂志记载：“北宋时期各大文人中，惟有黄庭坚爱故乡砚台。”这证明，修水籍人士、北宋诗人、大书法家黄庭坚为修水赭砚的推广发挥了极大作用，他不但自己使用家乡的砚台，而且多次携带砚台，作为馈赠佳品，送好友苏轼、佛印等，赢得极高赞誉。

（11）2011年《石砚鉴定》（福建美术出版社）记载：“修水赭砚砚石产自江西修水，赭砚因石质以赭色为主而得名。为江西四大名砚之一。修水赭砚以赭色为主体，翠绿为镶嵌，并有少量的鸡血纹理，兼分五色，并以金晕、金纹、水波纹为名贵石品。其石以坚而不顽、细而不滑、刚不露骨，柔足任磨，发墨易液，贮水不涸，历寒不冰，墨书解久，不损笔毫。制作时选料精良，高档贡砚构图特别强调意境、悟性，须细观石质纹理，令人神思飞扬。因色因纹而象形，使人工天然巧为一体，尽得其妙。”

第六节　历代名人题修水贡砚

（1）赵朴初：江西同志赠我修水贡砚一方，石坚而细，发墨不损笔，实为佳品，书联为报。“墨旧颖新山谷诗书曾得助，云兴波涌神州文笔看腾飞。”

（2）启功：黄叶西陂水漫流，籧篨风急滞扁舟。夕阳暝色来千里，人语鸡声共一丘。

（3）欧阳中石：江西修水赭砚题并书“细润若凝脂，天然造化奇。惊涛生砚底，玉版泛新词”。

（4）胡絜青：挖掘古老文房宝，发扬祖传赭砚奇。

（5）端木蕻良：修水赖研，初写黄庭。

（6）沈鹏：砚石出修水，声誉满艺林。

（7）溥杰：石交珍璧有，玉润贵犀纹，贻我千磨砚，资吾锻笔勤。

（8）李铎：修水贡砚质润而馨，坚细而嫩，金纹水影，形质均佳，诚文房之至宝也。“研石开云月，濡墨写檀蕉。”

（9）黄绮（中国书法家协会副主席）：触笔细而不滑，发墨速而不粗。

（10）范曾：砚出修水，字重苏黄。

（11）刘炳森：质精兼五色，格古第一乘。

（12）王遐举：温其如玉。

（13）王学仲：修水名石，赭砚凝脂。

（14）柳倩：书尽苏黄通翰墨，砚从修水出文章。

（15）周慧珺：刚不露骨，柔足任磨，细润如玉，墨膏浮艳。丁卯春日，试用修水贡砚，慧珺于沪上题。

（16）张旭：发墨易液，储水不涸。

（17）刘红军：砚缘。

（18）鲁慕迅：古艾清辉。

（19）巫师传：洗砚鱼吞墨，烹茶鹤避烟。（为修水砚之家题）

（20）傅梅影：贡砚，历史悠久，精美驰名，乃文房四宝宝中之宝也。发展贡砚生产是对中华民族传统文化一大贡献。并为王令题：王令君石刻工艺精湛，开发贡砚为传统文化贡献智慧之心血，实乃大好事。（题贡砚轩）

（21）黄君：管叫端溪歙水臣，修江赭砚夙称君。花纹七彩天然赋，物像千般技艺精。呵冻凝云龙尾动，涵星拱月竹枝横。一朝得搁老生案，万两黄金不与更。

（22）匡一点：修梅赭石胜端州，宋制翰池贡冕旒。今日操奇磨琢巧，漂洋过海肆风流。

（23）朱仰池：曾经进贡宠君王，天宝物华古艾光。昔负盛名今更噪，弘扬开发报家邦。

（24）戴嵩青：幕阜巍峨阅今古，碧水静绕修城走。钟灵毓秀文风盛，物华人杰冠吴楚。工艺美术益求精，筚路蓝缕时远久。贡砚长为世所珍，翠绿镶嵌赭为主。呵气生津温如玉，北宋详载云林谱。嗟哉传流盛趋衰，手工作坊有渐无。八十年代见复兴，大胆改革展新猷。简陋作坊换机房，高楼广厦朝天矗。翻新图案一百六，年产雕塑二万五。驰名中外多褒奖，书画方家不释手。

（25）龚良辅：修口谭家埠，奇石尽乔装。斑斓如玳瑁，紫泽赛玉英。琢砚易发墨，不损笔锋芒。储水不易涸，历冻墨不僵。考史渊源远，唐宋起滥觞。云林石谱载，义宁州志详。涪翁以赠友，侍读献道光。钦赐名赭砚，贡品列宫墙。工艺美术厂，复产设厂房。广交添异彩，展履涉重洋。坚持改革路，硕果愈辉煌。两月产销量，胜昔两年强。层楼应更上，翰墨长飘香。

（26）汪鸿欣（寒山）：山谷清泉，赭砚凝香。

（27）蔡官华：业经通香。（为王令题）

（28）陈予先：德业双修。（为王令题）

（29）金寄水：名山奇石质研磨，玉润微凹聚墨多；挥洒临池生体势，书成好换右军鹅。

（30）曹渔（曹国荣）：义宁赭石如昆玉，紫碧相侵品最殊，更赖王郎挥鬼斧，清虚妙语世间无。（戊子初夏，欣见己会，赭砚妙品应命为题）

（31）清和：名山奇石费研磨，玉润微凹聚墨多。挥洒临池生体势，书成好换右军鹅。（乙卯年为修水贡砚题）

（32）品升：新冠丑寅侵九州，一家亲毕寓丰收。梅山赭石焕三彩，修业终成琢二秋。（壬寅年冬为修水贡砚作品《一家亲》题）

古艾修江石砚惊，条纹丰富自然生。精雕细琢称奇迹，绝技神工远播名。（癸卯年春为修水贡砚题）

修水物华石砚奇，天生地育多纹理。极珍伯乐诞良缘，巧手精工旷世美。（癸卯辛初夏为修水贡砚题）

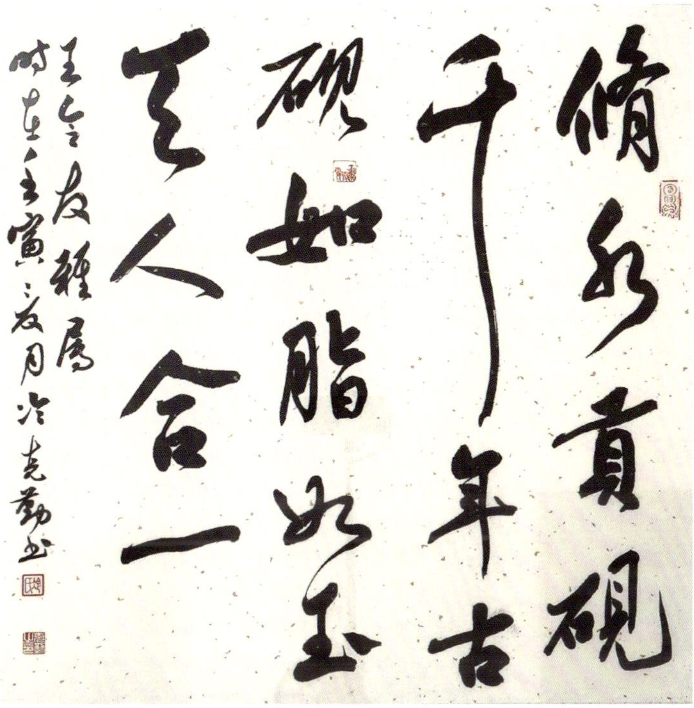

现代著名书法家冷克勤书

著名画家许甫金先生绘

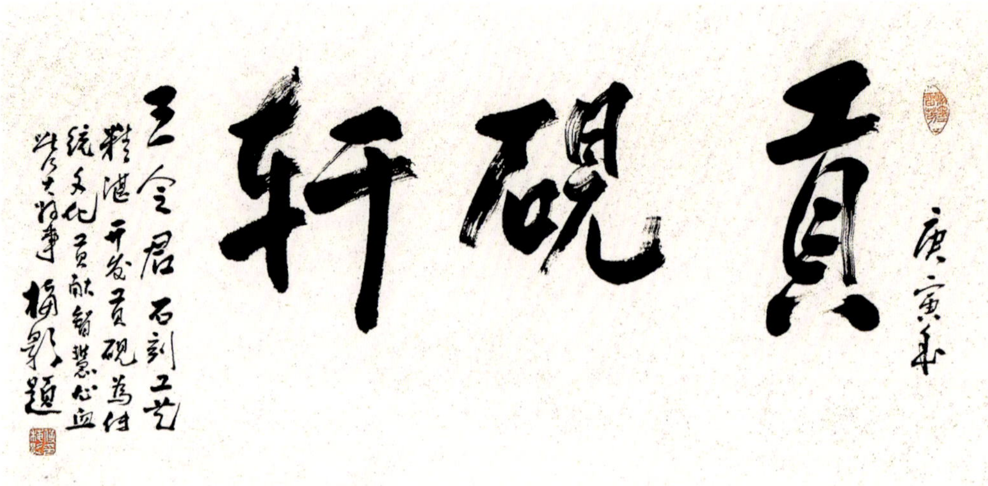

著名国画家、歌词作家傅梅影先生题

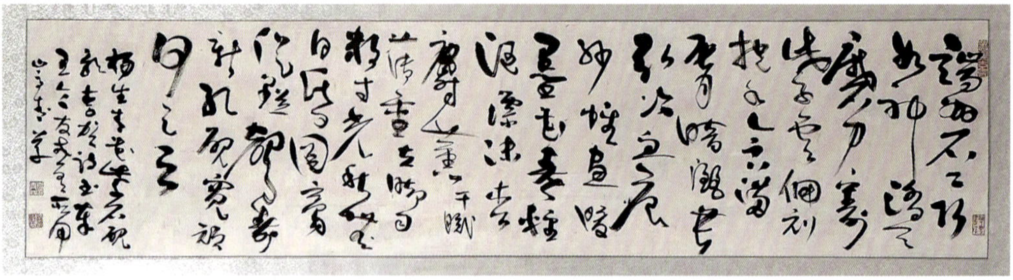

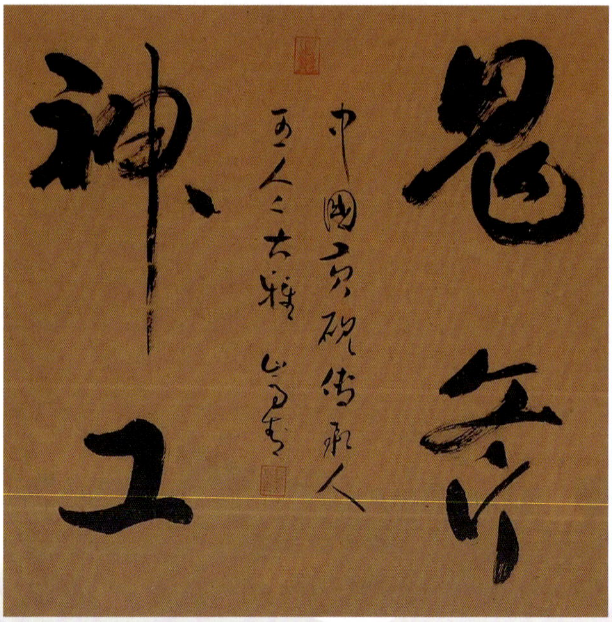

著名书法家戴嵩青先生题

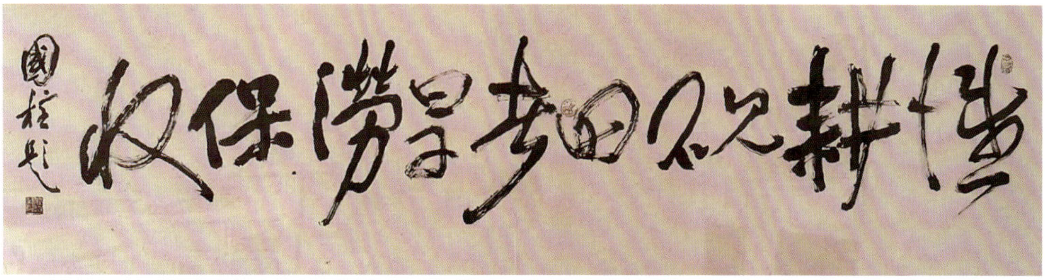

著名书法家黄国柱先生题

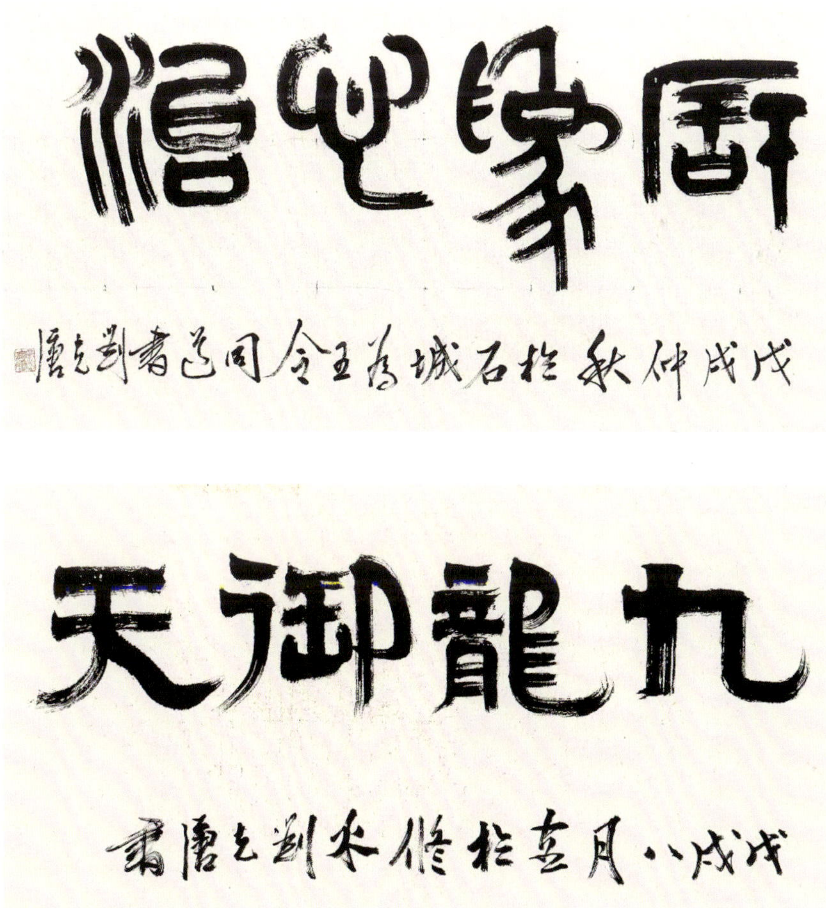

中国工艺美术大师、亚太地区手工艺大师刘克唐先生题

中华炎黄文化研究会原会长刘红军先生题

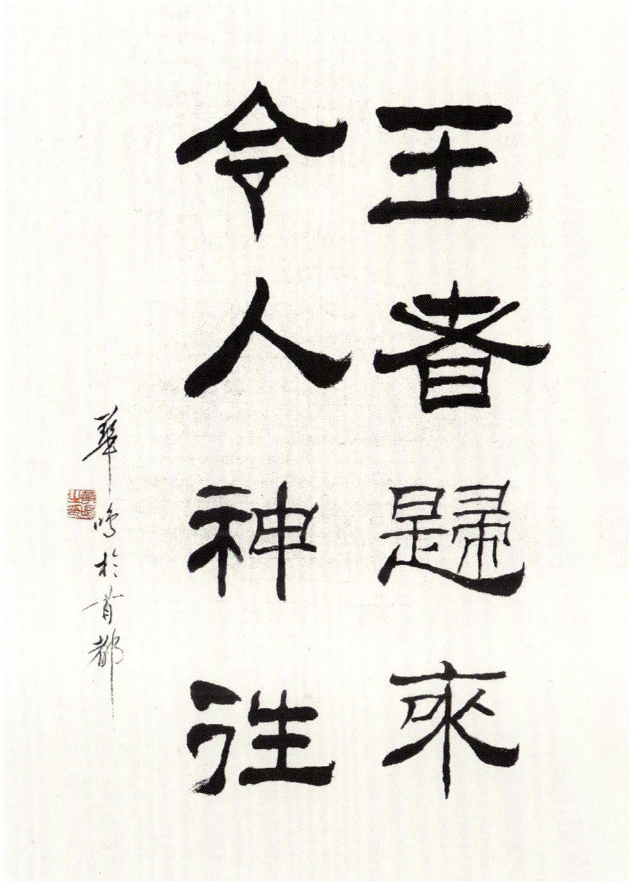

中华砚文化发展联合会、砚文化委员会华鸣先生（即《中华砚典》副主编关键先生）题

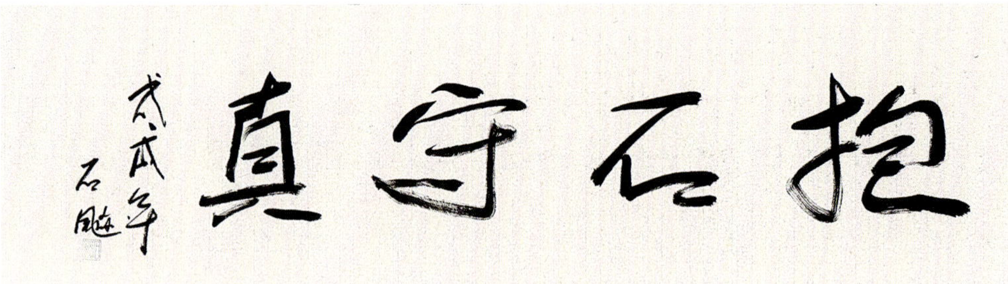

中国工艺美术大师石飚先生题

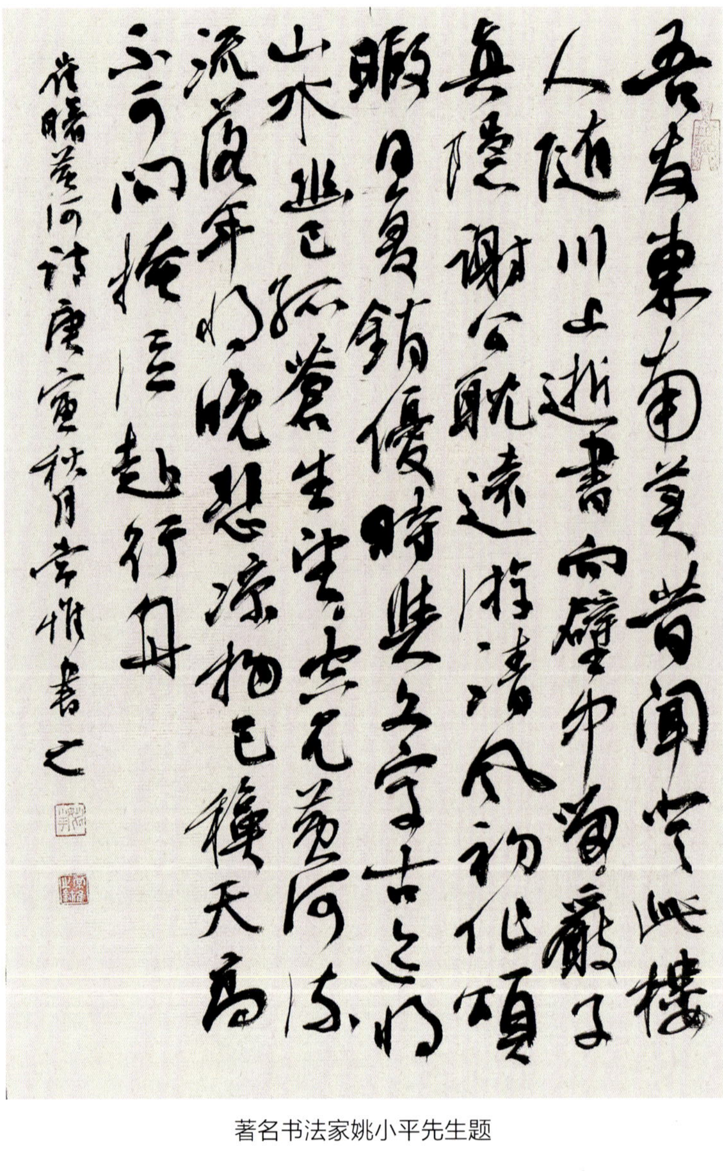

著名书法家姚小平先生题

书法家樊人龙先生题

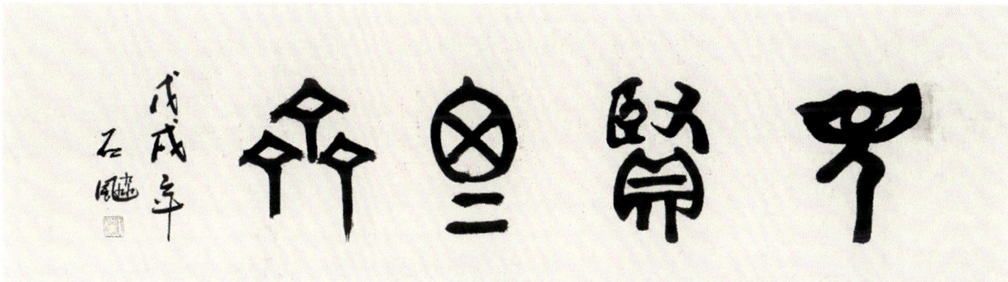

中国工艺美术大师、宁夏贺兰砚国家级非遗省级代表性传承人石飚先生题

顺乐先生题

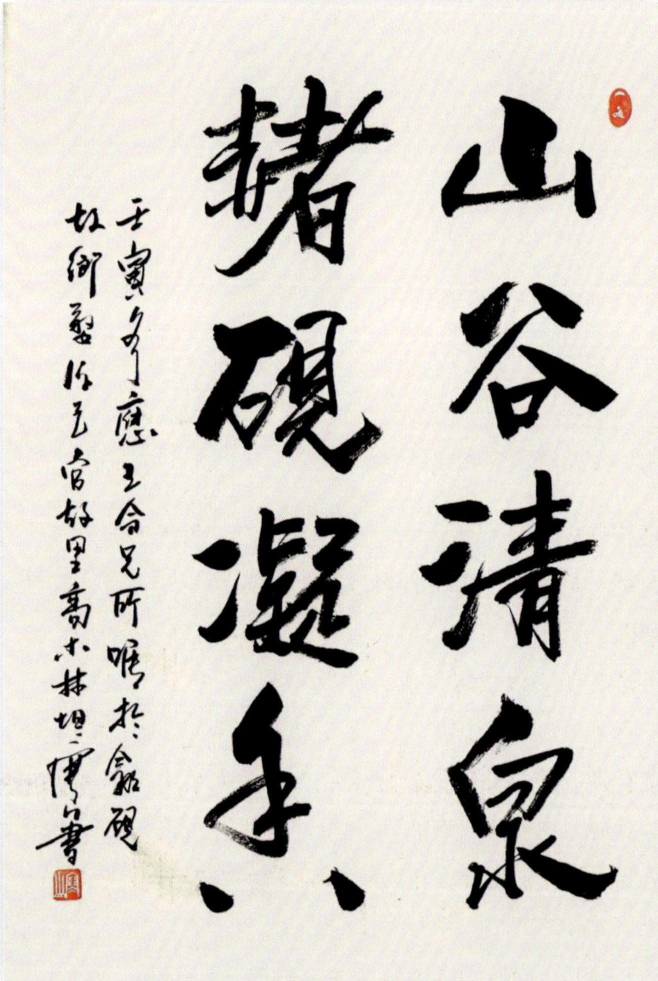

歙砚国家级代表性传承人汪鸿欣先生题

第二章

修水砚石分布

第一节　砚石产出范围

由于地理构造原因，修水砚石分布范围很广，每个地点的石头品质区别大，主要产石乡镇有四都、征村、何市、庙岭、路口、黄沙等。其中，四都是传统采石区，其石质坚韧、细腻，石色丰富多彩，有的是纯赭色，有的是全翠绿色，有的是赭色与翠绿结合。征村产的砚石以豆绿为主，赭色稀见，质脆，石坚韧。何市是新发现的产石区，前几年，有外地客商经过该地一个叫郭城的大型砖场时，看见工人从泥土中清理出的石头非常特别，就加以琢磨，剥开完整的包裹石头的黄皮后，里面竟是色泽鲜艳的膘，与安徽歙砚、婺源龙尾砚所用石材相近。通过测定石质，硬度适宜雕刻砚台。此消息传出去后，外省安徽，本省星子、婺源的客商纷纷到何市购买，年销售量过万吨。与此对比，修水当地砚台生产者对何市砚石还不熟悉，更谈不上使用，或许要过一段时间才会了解何市砚石的价值，并加以使用。

据《九江工业史》记载，修水赭砚之原料为当地特产花纹紫石，产于西港、征村、清水岩等地。

第二节　主要坑口分布

一、修水传统砚石采集区

1. 四都镇龙岸村噪口梅岭支山脉半山腰

梅岭海拔90余米，位于修河岸边，山势陡峭，林木丰茂。砚石储藏区被两条深深的山涧夹持，该山涧长年流水不断，滋润着砚石。取砚石，第一步是清除掉深达10米的土壤、林木层，再剥掉1米厚的石头风化层，才到达砚石区。当地砚石以水成岩板层的形式存在，层与层之间会聚积1毫米左右的泥浆，清理干净泥土后，可以继续取后面的石头。因为特殊的地质构造，该采石点不适宜建坑取石，还会因为连续下雨引发土层坍塌，掩埋掉取石区。比如当地从事采石业的高师傅介绍，其前年曾花工资数千元请人开拓了一个采石区，仅仅采了十来吨石头就碰到连续雨天，结果采石点周围的泥土迅速填埋采石区，没多久，植被得到恢复，要想采石，只能另寻采石点了。该处石头采下后，要么是人抬，要么是滚坡，要么是马驮，运送非常不容易。该坑口砚石有的是纯粹赭色，有的是纯粹翠绿色，也有赭色与翠绿相结合的石头，结合部色彩过渡自然，色差柔和，非常漂亮。龙岸噪口所产紫袍彩带石，赭色为基本色调，给人安静沉稳感觉，细视之，则见石头含有纹理，像荡漾的水波，这种波纹被命名为水波纹，它给沉稳的基调增添了动感，令人不得不感叹大自然神奇的造化之功。

龙岸噪口产紫袍彩带石

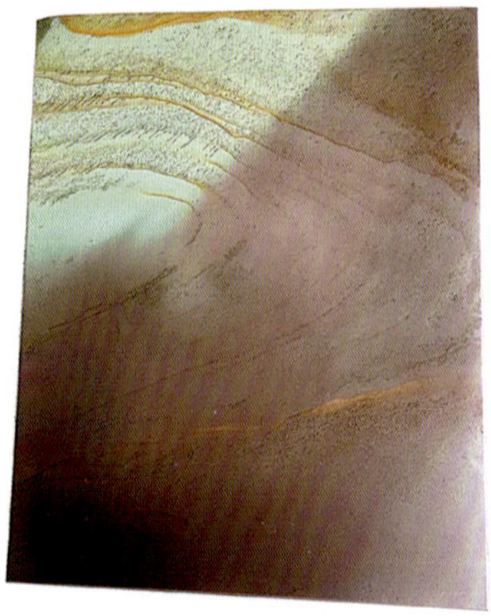

赭绿两色砚石

2. 四都镇丁家源

四都镇（南岭）高沙龙岸村修河对面的山体由于老坑已经关闭修复植被，无船过河而未采集到地理位置。另一处新坑位于丁家源山里，行至半山，因处于原生态森林状态，也未采集到相应位置的精确定位。

该地需要乘船到坑口，上岸步行二三公里到达采石点，其地质构造、采石方法同噪口采石点，不同之处是既要走旱路又要走水路，运输特别不方便。该坑口石头剥去石皮后，见一层淡绿色皮，皮层下是赭色膘，比噪口坑口石头赭色更深，色彩更鲜艳。

以上这两处是修水贡砚近代开采的坑口，砚石在修水制作艺人之间广泛收藏采用，相关样本及数据需本地人辅助完成。

3. 何市镇郭城村

乡道旁边有一个大型机制砖场，该砖场挖掘的一座红土山之中，混杂有卵圆形石头，黄皮，剥开后是黑色石膘，纹理丰富，石质较硬。

何市镇郭城村砚石考察现场

4. 征村乡征村村

该村多石山，植被较薄，清除掉石上浮土，下面就是豆绿色层页岩，较薄的被用来作地砖，较厚的可以作砚台。该砚石颜色纯净，纹理柔和，质偏硬，发墨不损毫。

二、修水当代砚石采集区

1. 复原乡坑口村

2020年5月3日，考察团调研修水砚台石材，向导冷佰友，同行王令、高平、戴逢红、平峰、熊先盛、刘先年等，获悉诸多坑口信息。

2. 复原乡东津水库流域

该地所产砚石，大家将其命名为“复原高峰砚石”。

复源乡坑口村实地考察图

此处砚石主要分布在水库对岸山脚水边的临崖岩石，石质优良，适合做砚石的雕刻及发墨用，砚石为黑色，表层有黄皮，打磨后有漂亮的金晕黄晕石品，类似龙尾山金晕色石品。

地理位置为：东经114°17′45″，北纬：28°50′29″。

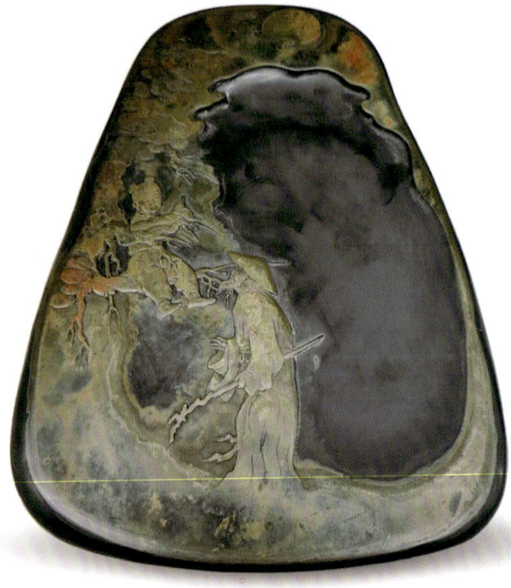

复原乡高峰坑口砚材制作的黄皮金晕高峰砚

3. 庙岭乡戴家村

2020年5月5日，考察团赴修水砚台石材坑口实地考察，向导冷佰友、陈开伟，同行冷伍敏、王令、廖胡兵、丁黄桂。到达位置：庙岭乡戴家村1组青磨洞。

2021年10月24日，时值深秋，天高云淡，由九江市非遗保护中心原主任高平组织的九江砚石分布考察团终于成行到达修水。修水地域辽阔，山区为主，石头品种蕴藏非常丰富，近年来除了本地贡砚（赭砚）砚石以外，众多的砚石、茶盘石料被外地的砚工所发现和喜爱。

庙岭乡戴家村青磨洞绿色砚材——绿板

庙岭金晕

金晕纹砚材

4. 宁州镇湘竹村二桥附近

此处砚石类似歙砚黑龙尾砚石，石质细腻温润，非常适合雕刻砚台，发墨性能极佳。此外，石材做素砚极佳，打磨后似油脂一样，漆黑如脂，其砚材有银星如雨、银线、蕉叶白。

地理位置为：东经114°37′47″，北纬：28°58′43″。

宁州镇湘竹村二桥砚材银星

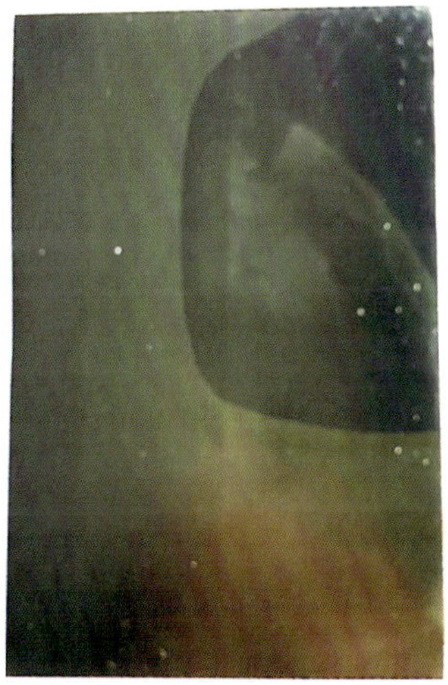

宁州镇湘竹村二桥坑口仕女扇面纹砚材

湘竹村砚材制作的砚台

5. 路口乡兜萝村

路口乡山里兜萝村的石头曾经被修水县老一辈砚工作为素砚所用。砚材有眉纹。赭石石材有金星。据现场所采集的样品，石质细腻，纹理丰富，类似歙砚材质，有龙眼、银星、青藤（类似歙砚眉纹、海浪纹、水波纹等），适合雕刻及研墨之用。

地理位置为：东经114°7′25″，北纬：29°6′12″。

路口乡兜萝村砚材绿色彩带

路口乡兜萝村实地考察

6. 何市镇

何市镇有青鱼子、黄鱼子砚材料。

第三章

修水贡砚砚石的石质与石品石色

第一节　修水贡砚砚石的石质结构与特征

修水贡砚砚石从地质构造来说属于水成岩，赭色砚石硬度一般为3.5，翠绿色砚石硬度大于3.5，又因坑口位置、所含矿物质多少而不同。

受砚石的形成、演变的年代及砚石周边的地质环境影响，贡砚砚石表现出不同特征。

首先，砚石中杂有的品质、硬度不同的矿物质，通过参加矿物质的大融合运动，必然使砚石整体硬度和品质发生相应变化，其表现出来的便是某类石品花纹与某类石质的对应关系，如同一块石头，其绿色部分硬度大于赭色部分硬度。

其次，同样是硅酸盐和其他矿物质填充砚石裂缝，为什么会产生不同花纹？同样是铁质矿物质晶体或粉末晕染、聚集，为什么在有的砚石中形成金银线，有的形成火焰纹？显然除了地质年代差异和地矿运动外，不同砚石对进入自身矿物质的反作用力也有不同。这说明，在砚石矿形成后，在某种足以引起砚石震裂的运动打击下，石质较坚硬的与石质较温润的砚石发生了不同变化。我们可以推理，由于砚石品性差异，虽然进入砚石的矿物质一样，但是形成了硬度、致密度、干湿度等方面有明显差异的石品花纹。同时，还要考虑到砚石含有的矿物质比例、砚石所处地理环境、地壳运动的不同状况等，石质与石品花纹互为影响。由于多方面因素，修水赭砚有下列特征：

四都镇梅岭坑口处修河之滨，背阳之处，石质温润，发墨、下墨优于其他砚石。

征村坑口砚石处山林之间，距水面较远，石质坚韧、干燥，发墨快，贮墨弱于其他。

何市砚石混杂于黄土之中，从地质构造看，应该是山洪冲击形成，质地坚硬、易脆，与传统砚石相比较有明显差距。

第二节　修水贡砚砚石的主要石品石色

石品是指砚材颜色和石体上天然形成的各种彩色斑纹、肌理等，包括砚材的石色、石眼及石品花纹等，是砚石整体呈现的综合效果，相比较于端石的紫、歙石的黑、红丝石的鲜红来说，贡砚砚石具有独特品质。

石色指砚石基本色调，是砚石主体矿物质的总体颜色，砚石之所以呈现不同颜色，取决于砚石矿物质种类及其含量、粒径、硬度、连接方式以及干湿度等因素。修水贡砚基本色调是赭色与翠绿色，再加上新发现的黑色，颜色非常丰富。因为坑口不同，同一颜色又深浅度不同，如丁家源的砚石与噪口砚石虽然都是赭色，但前者比后者更深，更鲜艳。

一、石色

1. 绿膘

绿膘色泽翠绿鲜活，呈层状结构，与砚石融为一体。或厚有寸余，或薄如蝉翅，或整齐规范，或形态各异，天然造化，变化无穷，其在贡砚砚石中整体面积最大。一方砚石为整体绿膘的也不少见。

绿膘以翠绿为基调色泽，细分为青翠绿、翠绿、嫩绿、黄绿多种。

一般而言，青翠绿膘硬度偏高，嫩绿膘石质细嫩、硬度适中，下墨、发墨俱佳。黄绿膘色泽较前两者有差距，石质偏软，但色彩内容丰富，变幻奇妙。

绿膘大致可分为以下几类：

纯净绿膘。绿膘色泽均匀，一色翠绿，无明显杂质，可分为嫩绿色、翠绿色两类，前者石质幼嫩、润泽，硬度适中；后者硬度偏高，性燥。

彩纹绿膘。绿膘中含有多种石品花纹，由于这些花纹在品类、质地、形状、色泽以及与基本砚石的晕澈状况等方面的差异，色彩斑斓，丰富多彩、内涵充实，此类绿膘常含有混杂的花纹，有鸡血藤、水波纹、水藻纹、绿豆青、鱼子纹、牛毛纹、金晕、天然山水图案等。

墨趣绿膘。绿膘中含有墨褐、墨绿、黄褐等铁质粉末的聚集物或小颗粒，形成晕状、点状、线状等纹饰。最常见的纹饰有形有势，如烟似云，恰如一幅幅水墨云趣山水画；纹饰浓淡不一，呈线条状，如水波飘动，被称为水纹绿膘。更多的是绿膘中深色杂质构成千奇百怪图样，可以供雕刻者发挥无穷想象。

金星绿膘。绿膘中杂有黄铁矿晶体，或大或小，或密或疏，镶嵌在绿色中，可以起渲染作用。

2. 赭色膘

赭色膘色分深浅，深的偏紫，像猪肝颜色；浅的偏灰白，白中透出一点点红晕。赭色膘中含有的颜色多为金晕，有的是金黄的一丛，像黄金树；有的是淡淡的一抹，像金竹叶，非常漂亮。有的膘中含有牛毛纹、水波纹，或浓或淡，巧夺天工。

3. 黑色膘

黑色膘比墨绿色更深，随深浅变化，一块石头中呈现黑色、墨绿、金黄、浅紫等，互相交融，互相影响，给人印象是斑驳繁杂，难以取舍。这种矿石主要产于何市，是新发现的一个品种。

二、石皮

石皮分边皮、面皮两种，前者存在于砚石的四边侧面，后者存在于砚石的上下石面，在断裂成自然形状的贡砚砚石纵横断面，常能见到石皮。石皮因其不同的矿物质成分呈现不同的色泽，有白色、黄白色、深绿色、浑红色、褐黄色、深黄色等。石皮有的厚达3厘米以上，有的仅仅几毫米，能看见皮里面的膘。

石皮与研磨无多大关系，巧用之能获得奇妙效果。制砚者常将其保留为雕刻题材的部分，以增加鉴赏、观赏价值，获得天然质朴效果。

三、纹理

贡砚砚石纹理非常丰富，是对砚石的奇妙补充，多被有经验的雕刻艺人利用，往往取得事半功倍效果。

鸡血藤。状如藤条，颜色鲜红，瘦细，柔软，蜿蜒，多见于赭色砚石，其砚石质地柔润，发墨速而不粗，是赭色砚石中的绝品。

金晕。色如黄金，有的是一抹，像竹叶，像眉毛，像山峰；有的是一团，像金饰品；有的是一块，像金元宝。多见于翠绿色砚石中，金黄与翠绿的对比鲜明，色泽柔和，有经验的艺人见到金晕，一定会因才施艺，巧加利用，创作出佳品。

水波纹。水波纹在贡砚砚石中非常普遍，在赭色或翠绿石膘中经常可见色泽或深或浅的水波纹样，有的如鱼鳞片片丛集，有的如微风拂过湖面荡漾起涟漪，有的如大海波澜气势恢宏，有的细如工笔隐隐约约。如果巧加运用，则会取神奇效果。

牛毛纹。此类纹所含矿物质与砚石主体所含矿物质相差无几，不细观察难发现。其状如牛毛，细而多，柔和，飘逸，一般密布砚堂，加水后，牛毛纹有微波荡漾、泛泛飘动效果。

绿豆青。形状如绿豆，色青，稀疏几粒散布于翠绿色砚石中，有画龙点睛效果。有绿豆青砚石硬度适中，细腻温润，属于砚石佳品，极为罕见。

鱼子纹。形状如鱼子整齐密集，颜色与周围砚石接近。它有时占据砚面一部分，有时密布整个砚面，有时出现在石膘中。在砚堂中的鱼子纹一般难见，须打磨光洁后以水浸之才能得见。鱼子纹多产于噪口、丁家源砚石，就研磨而言，有鱼子纹的砚石更细腻温润，属于砚石上品。

修水石品举例：

鸡血藤（手指纹）

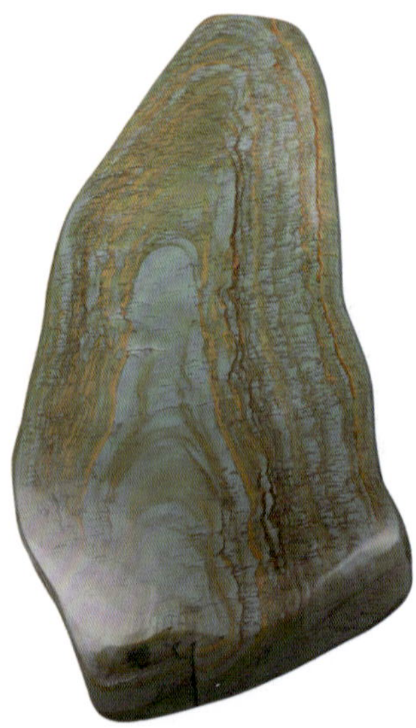

金　晕

紫袍彩带石

花彩石

胭脂红

三彩石（红黄绿）

双色石（赭绿）

短水草纹

全赭色石

双色石（赭绿）

天然水草

天然林海

天然山水

赭色水波纹（镶嵌翠绿色）

赭色水波纹

鸡血藤　金晕

绿色火燎

赭色彩云

全绿木纹

金晕　黄彩带

黄皮金晕彩带石

绿色火燎　海浪

绿色火燎　海浪 青藤纹

海浪纹

青色鱼子纹

银星　彩带　鱼子纹

龙眼　银线　金晕　黄皮

天然山水

鸡血藤年轮纹

山水鸡血藤

鸡血藤

修水砚石成品举例：

青云纹

鳝鱼黄

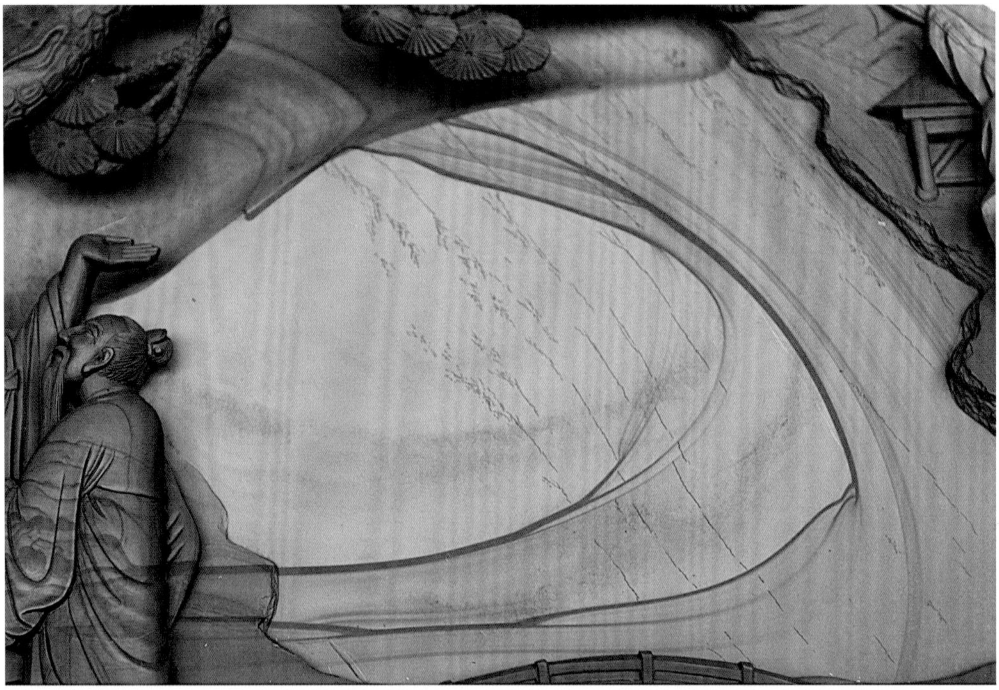

鸡血藤　水草

水波纹　鱼子纹

牛毛纹　鸡血藤　鱼子纹

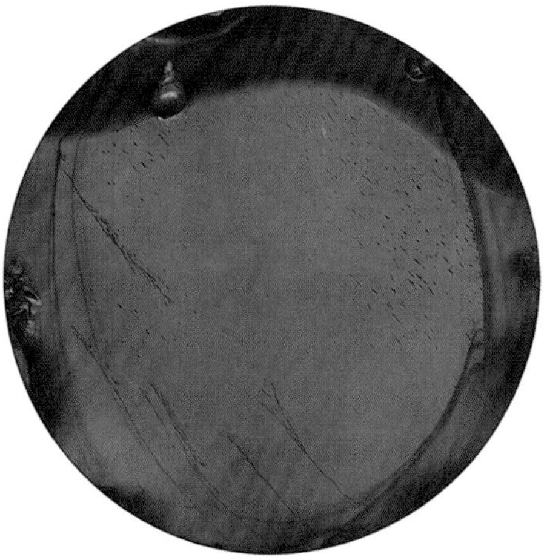

鱼子纹 水草纹 鸡血藤

长水草纹

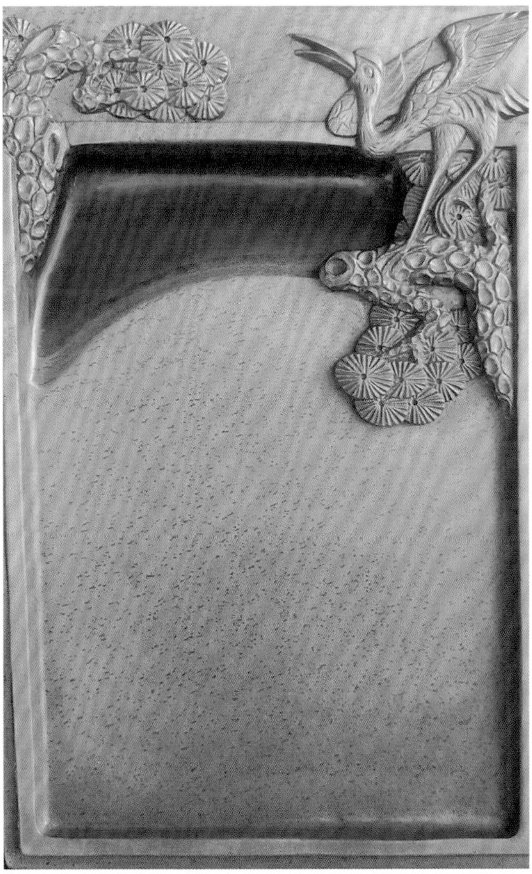

牛毛纹

第三节　修水贡砚砚石的瑕疵和石病

贡砚砚石的瑕疵主要有两大类：一类是局部断层，但不对称。即虽然经过仔细分析，去了石皮，进入雕刻阶段，但是进入某个阶层时，突然发生断裂，致使无法进行。另一类是砚石分层。即某个砚石，从皮上观察不到裂缝，但是在去皮雕刻后发现砚石分层裂开，只能放弃雕刻。有一部分砚材在表面看不到断裂，但雕刻到中间时发现有裂痕，当属开凿或搬运时人为损坏。

贡砚砚石的石病与其他砚石比非常特殊，砚石结构纹路不是平纹，是斜纹，且分阴、阳两面，如果不顺着石头结构纹理铲、削、凿，很容易损坏整块石头。

第四节　修水砚石鉴别

一、优质贡砚砚石

优质贡砚砚石有完整包浆，皮薄肉厚。打磨去包浆后，如果是完全的赭色石膘，或者是纯净的翠绿色石膘，甚至是赭色和豆绿色石膘的结合体（层次非常清晰，两种颜色不会混杂），再加上石头里面的鸡血藤（红色纹理）、冰纹（白色的晕）、鲜明的金晕等，就是质量优良的砚石。据有经验的采石工人介绍，优质砚石一般为采石量的20%~30%。

二、劣质贡砚砚石

劣质贡砚砚石包浆不完整，残缺，厚薄不均匀。或有裂纹，或断层，或石色混沌不清，或石质滞重不脆，据有经验采石工人介绍，劣质砚石占到采石量的70%~80%。

三、贡砚砚石真伪辨别

就传统的贡砚制作看，以赭色为贵，以豆绿为尊，以两者完美融合为基础，其他石色混杂者、石质粗糙者、纹理模糊者，皆与贡砚砚石有距离。特别明显的是，贡砚砚石没有石眼，以此即可以判断某块砚石是否为贡砚砚石。

第四章

修水贡砚制作流程

第一节 修水贡砚雕刻流程及特点

同雕刻老师赴四都镇丁家源坑口实地考察

修水贡砚一般制作过程大致分为选料、造型、磨光、设计、粗坯、粗刻打型、粗雕、精雕、打磨抛光、封蜡或上油、铭文配盒等工序。

一、准备阶段

1. 采石、运石和存放

贡砚砚石采取露天采掘方式，采石工人顺着石脉用钢钎撬开页岩，清除掉废料，再人工把石头搬运到山下。在运输过程中强调轻拿轻放，装卸时不能扔摔，以免石料开裂。装车前要用草包麻袋包裹捆扎以防止碰坏损伤。到达存放地后，不同坑口砚石要分别堆放，一定要把砚石存放在阴凉潮湿的地方，不能被阳光暴晒。为了保证湿度，可以定期给砚石浇水。

四都镇龙岸村丁家源赭石坑口取石材实地场景

2. 选料

选料是关键的工序，一般由有经验的人员负责，能够熟知砚石的特性，对石质、颜色分布、石品花纹以及有没有裂缝、分层作出准确判断，不然会使一些有价值的石头丧失利用价值。

左：四都镇龙岸村丁家源赭石坑口开采砚材实地场景
右：庙岭乡戴家村青蘑洞实地考察

选料的方法主要有洗、看、摸、敲。用清水洗去石头表面的附着物，看石质、石品，摸石头纹理，敲击石头，判断有无裂缝。从裂缝处判断是否分层、花纹怎样。

3. 常用工具和设备

（1）工作台。要求台面高度70厘米，稳当、结实，最好能够旋转定位，可升高降低，配高矮适中椅子一把，可调节者为佳。

（2）台虎钳。固定石料和制作加工工具用。用于造型时用锉锉外边。

（3）切割机。裁切原料用。

（4）凿子。大小不等的数把，用来选石料、开石片、找石眼。

（5）木槌、铁锤。用来雕刻粗型时使用。

（6）打形刀。型号不同的数把，打制粗型用。

（7）铲刀（大平刀、大圆刀各数把）。较大平面砚台制作时使用。

（8）雕刀。型号各异，雕刻纹饰用。方刀（0.1~3厘米）、圆刀（0.1~2厘米）、小三角刀、大三角刀、弯圆刀、弯平刀各类刀共计75把。

（9）砂布、砂纸和砂条。砚台不同地方打磨使用。规格为no120_600砂布，no600_1200水砂纸。

（10）其他。磨刀石、木盆、凳子、木板，油石360号和600号等。

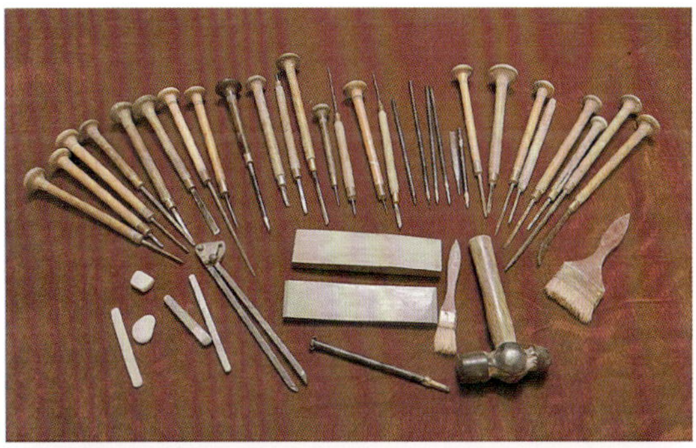

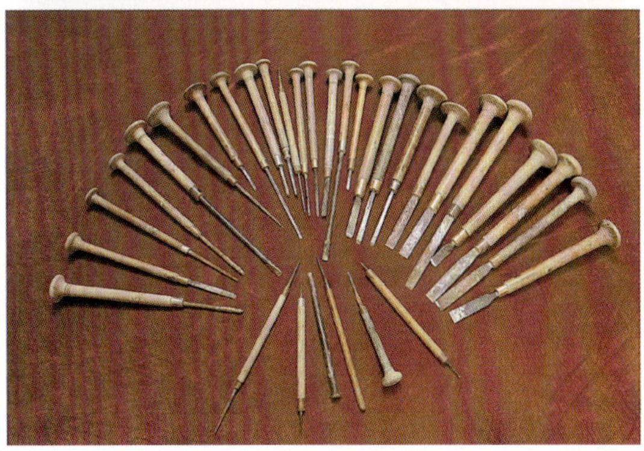

镌刻工具
（冷伍敏摄影）
刷子（2~6cm）、铁锤、各类油石、砂布（80#~600#）、砂纸（600~1500#）、圆规、凿子、划线器、单面圆刀（1~20mm）、双面圆刀（8~30mm）、单面方刀（1~26mm）、双面方刀（1~30mm）、三角刀（左三角、右三角）、铅笔

二、设计阶段

修水贡砚经过千百年传承，总结出设计的三个阶段为构思、设计、构图。

1. 构思

修水贡砚构思要求从石材形状、意境风格、巧型俏色三方面把握。

意境要求深邃、典雅，体现修水五千年大望之县、人文兴盛之邦的风韵，如王令创作的《九龙戏珠》砚，取该县梅岭赭石雕刻完成，但见砚台中央一条蟠龙威仪天下，周围八条游龙矫健多姿，拥中心蟠龙而舞，整个砚台表现的王者之气呼之欲出。

风格要求自然、亲切，避免古奥、生涩之气，多取自山川风物、自然百态入砚，一只青蛙、一片荷叶，就是砚台的点睛之笔。

修水贡砚制作尤其重视砚石的自然形态和颜色，通过匠心独运，雕刻成各种形态的砚台。因为砚石储存量大，采伐不多，能够保证有大块完整的石料可以利用，制成方形、圆形砚台。其他一些小型砚石，则可以做小品，多有构思奇巧、风格清新作品问世。在制作中，充分利用石料原有的金星、金晕等石眼，鱼子纹、水波纹等纹理及自然山水图案巧加雕琢，形成佳品，不可胜数。

《九龙戏珠》设计图

《苏黄对弈》设计图（许甫金设计）

砚台画图

（冷伍敏摄影）

根据石材形状、厚薄、天然颜色设计画图。

2. 设计

设计与构思相辅相成，是构思的外在表现。修水贡砚设计强调形式与内容的统一，即注重砚的美观与使用价值的有机结合，具体表现为实用砚多继承传统工艺，取宏大墨堂、墨池，灵秀墨缘、墨边，再饰之以山水、人物，产生画龙点睛效果；观赏砚则借鉴现代工艺较多，大胆构思，对比强烈，偏重装饰部分，往往占据砚面三分之二以上；而砚堂、砚池仅作为点缀，成为整体装饰的一个局部。

3. 构图

构图有两种表现方式，一是根据深浅度调整设计稿纸，二是打腹稿，做到胸中有数。一般修水贡砚的制作者在创作大型作品时，非常重视构图，多勾勒稿纸，并数次修改完善。

修水贡砚的构图一般遵循绘画和雕刻的原理，千百年来老艺人总结强调的有三点：宾主分明、远近相宜、“稀能跑马，密不下针”。下面一一述之：

宾主分明。何谓主？即作品的主要部分；何谓宾？即作品的次要部分。修水贡砚制作讲究主、次分明，反对“黄鳝泥鳅一样长”，要求主要部分精雕细刻，造型饱满；次要部分简略简约，或大块留白，不动刀斧。这样的作品，表现的是创作者关注的重点，体现的是艺术情趣，展现了作品的兴奋点。如王令费时13个月创作的《庆祝奥运》圆形砚台，在一个硕大的圆形大筛中，有一块澄静的赭色空地，空地偏上方是一堆散落的花生，两只老鼠趴在地上，懒洋洋地吃着花生，一只小老鼠才得到消息，兴冲冲地赶过来。这幅作品的雕刻重心是花生、老鼠，体现的是人与自然和谐相处，与奥运更高、更快、更强的主题浑然一体，赢得观者喜爱。

远近相宜讲究的是远者用笔简约，近者用刀细密。就好像看山，远处的朦朦胧胧为妙，近处的要见树木、花草，充分体现中国古典绘画对修水贡砚制作的影响。

“稀能跑马，密不下针”指的是构图强调重点处密集、密实、紧密，造成强烈视觉冲击力；疏处要景物稀疏或大片留白。

三、雕刻阶段

1. 贡砚雕刻四步骤

第一步：挑选石材，用清水洗净，不能有裂缝，石材不含有杂质。

第二步：根据石材的厚薄、形状、天然颜色来制作三大类砚台：

高档异形砚：用清水洗好选来的石料，去掉正面表皮，利用天然纹理、颜色、石料厚度、形状来设计图纸。异形砚的制作采用镂空的手法，以画面写实为主，也有写意砚。画面设计主要有龙凤、人物、山水、花卉、虫鸟图案。制作过程：将画好的图纸覆盖于石材上，开始打粗坯，掌握造型的实际位置，用凿子把轮廓线外的余料凿去，先凿大块后凿小块。并要着重考虑它们之间的相互关系，有的要留有修改余地，也要注意砚轮廓、砚池、砚堂、图案和层次在空间上比例协调、线条均匀流畅，根据图纸的大小、深浅来适当创作。

造型砚：挑选石料，石料厚度可以薄一些，将其锯成各种形状，如长方形、正方形、荷叶形、圆形、蝉形等。根据石料厚度制作造型，常用的手法有浮雕、透雕、线条雕、主体雕等。

素砚：以圆形为主，另配有盖子，多以线条手法为主。

第三步：制作好后打磨，打磨步骤：砚堂→砚池→砚壁→砚底→砚侧，用型号不等的砂纸打磨。

第四步：上蜡。

贡砚制作选料严格，高档产品讲求意境，形神兼备，观其石质，因材施艺，精工制作，融人工与天然于一体，达画龙点睛之境。创作设计遵循欣赏与实用相结合的原则，造型古朴、大方，品种甚多，有自然型高档砚、异型雕砚、套装礼品砚、学生砚、立体造型砚等五大品类160多种不同图案造型的品种。

贡砚雕刻刀法细腻，具端砚风格，又有北派豪放气度。一方精品制作往往要耗时几个月，甚至一年，故历代丹青高手视贡砚为珍品，极为珍爱。

修水贡砚制作非常重视设计，时间、精力花得较多，主要根据石料形状、厚度、图案分布与砚堂、砚池比例等构思、设计，因为胸有成竹，雕刻时能够产生事半功倍的效果。

砚台打坯
（冷伍敏摄影）
用画好图案的石料打坯，开始打粗坯，掌握造型的实际位置，用凿子把廓线外的余料凿去，先凿大块后凿小块，并考虑它们之间相互关系，留有余地修改。

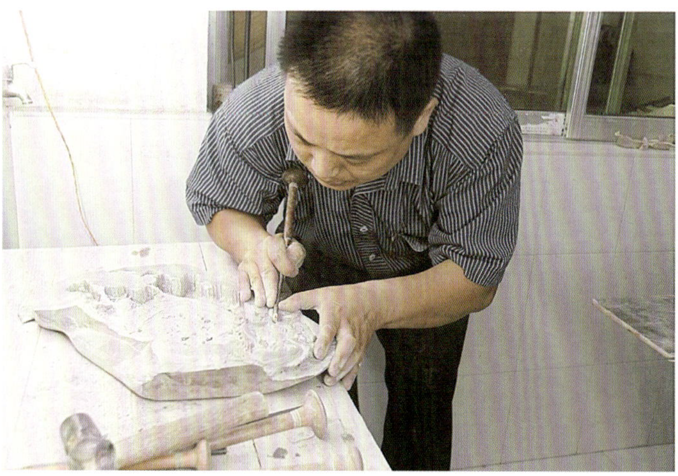

初步造型
（冷伍敏摄影）
注意砚轮廓，砚池、砚堂、图案和层次在空间上比例协调，线条均匀流畅，深浅适当。

精细雕刻一

（冷伍敏摄影）

在打好坯的石料上雕刻，使线条更加流畅、清爽，层次分明。

精细雕刻二

（冷伍敏摄影）

刻画松针叶子，下刀要到位。

精细雕刻三

（冷伍敏摄影）

在精雕时要注意镂空的地方，用力要适当，以免损坏。

打磨
（冷伍敏摄影）
用砂纸打磨，使石质更加细腻，色泽鲜艳光洁。

打蜡或上油
（冷伍敏摄影）
用来封砚，液体的油很容易渗透到表面细微空隙中去，阻隔空气对砚的直接侵蚀，延长砚的使用寿命，使石材颜色光艳亮丽。

2. 贡砚雕刻艺术风格及表现手法

1）雕刻风格

贡砚雕刻独具特色，引起名家广泛关注，具体可归纳为“既有端砚雕刻的细腻精巧，又有北派雕刻的豪放大方”，为更好地说明这个特点，本书以龙的雕刻为例。端砚中雕刻的龙，鳞片从粗到细过渡明显，层层叠叠，片片清晰可辨；龙须从长到短繁复精致，粗的刚劲有力，细的柔和温润。北派砚中雕刻的龙，采取大写意手法，鳞片仅以概括的数刀表现，龙须也以表意为主。而贡砚雕刻龙，介于工笔画与写意画之间，取两者之长，弃两者之短，比如雕刻龙的鳞片，就吸取北派的简约，舍弃南派的繁复，从鳞片数量看，比南派少，层次更简单；从大小看，比南派的粗，比北派的细。

雕刻龙须也体现了这个特点，贡砚中的龙，须不多，但每根须都精雕细刻，遒劲有力，形象感强。

2）表现手法

贡砚的雕刻方法主要有深浮雕、镂空雕、自然雕等。它往往采用某一技法为主并融入其他技法，主要根据石料的质地、形状、要表现的题材和制作者的喜好而定。

在贡砚制作中，由于浮雕强调平面效果，能够使一些有场景的故事题材得以充分完整表现，因而在贡砚制作中被普遍运用。

薄意雕：主要是将主题形象之外的部分去掉薄薄一层，使主题形象突出，它把主题形象处理成凸起的阳面，以区别于次要形象，形成高低起伏的效果；用阴刻的线条来勾画细部形象，使整个画面虚实相间，轻重有别，具有丰富而微妙的效果。

浅浮雕：形象轮廓用减地法作出，采用先减地定形象轮廓，后推落求层次变化的工艺技法。轮廓线体现写实性，平实而朴素。为达到这种效果，贡砚雕刻者一般将设计画稿用复写纸转印到砚石上，再用刻刀钩定。浅浮雕形象凸起较高，立体效果好，所刻景物远近、深浅非常明显，刻层较深，重于写实，每一个细节都刻画周到，整个画面高低起伏、轻重分明。

深浮雕：贡砚雕刻的主要技法，几乎与圆雕接近。它经常与薄意雕、浅浮雕一起使用，使前景、中景、远景的关系得到充分表现。

镂空雕：贡砚雕刻的重要技法，是在浅浮雕、深浮雕技法上的进一步发挥，它要求将画面以外的空白部位镂空，或层次之间通透，采用镂空雕的砚台，立体感强，形象轮廓更加鲜明。

当然，以上技法的使用应该不拘一格，可以深雕浅刻，也可以阴阳并用，只有纯熟掌握雕刻技法，才可能创作出好的作品。

贡砚雕刻的技术要点：

一是熟练采用传统变形图案，如缠枝纹、莲花纹、宝相纹、回纹等；二是不断丰富写实图案，以写实题材为砚台雕刻题材，如山水、花卉、草虫、鸟兽、人物以及龙凤等。采用传统图案时，雕刻者先把图案纹样仔细画好，勾画线条时要求均匀流畅，用刀时紧贴线条外侧，用力要均匀，用刀要肯定，同时要把握图案纹样的深度，一般在勾线之前做到胸中有数，下刀稳、准、狠。贡砚雕刻者喜欢采用现实图案，这既是对生活的艺术反映，又适应了市场需求，达到增强观赏性的目的。其中，动物占有很大比例。贡砚雕刻者来自基层，天然对动物了解、熟悉，大至猪、牛，小至鼠、兔，基本能够刻画得栩栩如生、形神必备。至于人物的刻画，一般从人物头部着手，先确定人物头部的动态、位置和大小的体积块，以此为基准，再决定人物身高、腰、四肢等部位的位置，进而找出人物的基本动态。砚的雕刻是做减法，因此无论是雕刻哪个部位，都要留有余地。要注意有的部位刻大了就难改小，如眼睛和嘴巴；有的刻小就难扩大，如鼻子、手、头，贡砚雕刻者尤其注重物化于胸、成于刀下的创作规律，不打无准备之仗，强调先在纸上勾画图像，再在砚石上复印图案，粗雕时留有余地，并随时调整，精刻时无微不至。比如，眼睛是大了不能改小的，雕刻时先刻得稍微小点，再扩大到正常尺寸；鼻子是小了不能放大的，雕刻时就把鼻子刻大些，然后逐渐修正到正常尺寸。

经验丰富的砚雕工往往采取立体雕与深镂空雕相结合的手法，根据石材花纹、颜色、厚度、形状来设计，同时考虑砚池、砚堂与装饰部分比例、层次关系，达到线条流畅、美观大方的艺术效果，使每方成品都是精品。

长期制砚的师傅工多业熟，可凭感觉和经验，不用画图，直接打坯雕刻，达到心手合一的程度。

3. 素砚雕刻

（1）裁切。用切割机或手工钢锯切割粗料。以前多用手工切料，现在一般用圆盘切割机，锯片形状为圆形片状，中部有圆洞供安装用，一般用人造金刚砂锯片和钨钢锯片，锯片直径30~80厘米，根据不同石料的大小、厚度、硬度使用，切割前要准备好不同规格、形状的样板，便于在石料上套用。切割时要用水不停冲刷锯片，有利于锯片寿命延长和空气净化。

（2）粗坯。切割好的坯料还要经过粗磨最后定型，粗磨的工具主要有立轴式与横轴式两种，根据不同石料选用，目的是切割或打磨好砚侧、砚底。

（3）打粗型。用打型刀打出砚面的主要部分，如砚堂、砚池及雕刻图案的粗型。根据图纸尺寸进一步对粗坯打磨整形，要求横平竖直，互成直角，左右对称，厚薄一致。步骤是：第一，把砚坯放在粒度为200的砂轮上，把爆边、缺口较多的一面朝下，再用双手按住坯料，使砚坯与砂轮紧密贴在一起，用力前后磨，边磨边用水冲浆，力要均匀，不要翘头，要经常调转方向。一直到爆边缺口没有了，表面平整光滑，就可以磨侧面。第二，选择较平整的一个侧面放砂轮上推磨，用力均匀，边磨边用水冲洗，直至一个侧面磨到又平又直为止，再用角尺检查一下是否与砚面成直角。第三，已磨平整的砚面朝上，把磨好的侧面作为基准面，用直角拐尺紧贴基准面，在相邻的一端面用划针画出一直线，把砚坯竖起来，以此线为标准，沿线仔细推磨，并使磨好的砚面与砂轮保持90度直角。第四，磨平整的砚面朝上，根据图纸给定尺寸，画出平行于基准面的直线，这就是砚宽的尺寸。砂磨方法同上，直到磨好为止。第五，把砚坯侧着竖起，以已经磨好的砚面作为基准面，砚四周画出平行于已磨平整砚面平行线，这就是砚的厚度。如果砚坯厚薄相差较大，可先用铲刀铲去较厚的地方，砂磨方法同上。六个面磨好后，用油石或水砂纸顺着边角处轻轻打磨，磨去锋利边角，免得划伤人。

（4）画线。经过整形后的砚坯完全符合图纸上尺寸了，接下来是按照图纸尺寸在砚坯上画出砚堂、砚池、覆手等。首先用一块布沾着黑板漆将砚面涂满，待漆干后，用划线器根据图纸尺寸在砚面上划出直线，用圆规画出圆弧角，其次是核对画好的边线无误后，再用钢皮尺、划针沿着画好的边线用力刻画。用平口刻刀沿边线轻轻往前铲，刀要握稳，用力不能太大，砚边缘一侧要垂直，砚角转弯处要慢，要把得住刀，整个一圈边线都要一一刻到，然后改用平口铲刀，可以一手握刀柄，一手把住砚坯，用力向前铲刻，边铲边修整砚壁，使之保持垂直，渐渐由线槽扩大为凹槽。

（5）粗雕。顺着凹槽，用铲刀由外向里铲，一刀接一刀，不能操之过急，一次铲不到深度的要求分多次铲，直到铲出砚堂砚池平面，不能碰到砚边形成新的爆边、缺口。铲出了砚池砚堂形状后，由线槽到刻槽到凹槽，由凹槽渐渐形成砚壁，接着用圆口铲刀贴着砚壁铲出底部圆弧形凹槽。再用铲刀把中间部分铲去，砚堂基本成型。画出砚池与砚堂的交界线，顺着交界线用圆口凿子凿刻，一手握锤子轻轻敲击，一手握凿子慢慢加力，沿着砚壁凿刻时不要紧贴砚壁，要留出铲刻余地，凿到差不多深度时用铲刀把砚池修刻出来。

（6）调整。作品完工前不要急着铲去砚池砚堂交界线，要借此检验池头是否对称，砚池深浅是否一致，砚壁是否平整，圆弧过度是否有大小等。对不到位的地方要仔细修刻，最后才能铲去交界线，确保砚堂顺利过渡到砚池。所有工作完成后，用大口平铲刀在砚堂内对角交错处铲几遍，消除掉明显刀痕，直到平面基本完整。

（7）打磨。对石砚进行磨制，使其平整、光洁，去掉不应有的石纹和刀痕。按照顺序，第一，砚堂打磨，让油石浸在水中吸饱水，把油石放在砚堂中，由中间慢慢往外磨，边磨边用水冲洗掉磨出的浆水，还要不断调转方向，顺直交错打磨，最后选有弧度的油石，紧贴砚面与砚壁交接处，顺直推磨。第二，打磨砚池，与砚堂打磨同时进行，遇到转折或有弧度处，选用不同油石均匀打磨。要用指头试探打磨的面是否光滑平整，如果有砂磨的粗糙感，需重新加工打磨。第三，打磨砚底，把砚底朝上，有覆手的先打磨覆手，之后打磨砚面，用油石紧贴砚底前后来回推磨，均匀用力，尽可能有较大接触面。随后改用小块油石，边磨边用水冲洗，顺着底边依次磨到。第四，打磨砚侧，侧着竖起砚，用小油石顺势朝一个方向磨，遇到转折，要紧贴表面，顺着弧面磨到另一个侧面，以求得过渡圆顺效果。第五，用水砂纸把整个砚打磨一遍，使得整个砚面平顺光滑。

4. 高档异形砚雕刻

高档异形砚是根据砚材形状特色，以自然界物体为摹刻对象，追求栩栩如生、内涵隽永的一种砚雕形式。一般突出山水人物、花草树木、鸟兽虫鱼的形象，而砚堂、砚池成为主体形象的配角，与主体形象紧密融合。它的雕刻步骤是：选材—构思—出坯—粗雕—精刻—打磨—命名—铭文。

（1）选材。选材的过程是双向的，一是发现了一块好砚石，若现状、石纹、石色活脱脱像某种动物、某幅山水，则稍加雕琢即可。另一种是心里有了好的构思，带着构思找砚石。无论哪种情况，都要从多块石头中对比、鉴别。要看砚石的质地、石品花纹和纹理走向。要通过敲击、浸水等方法发现砚石是否有裂缝，如果有，石质再好、花纹再美也只能弃之不用。但对于天然的石皮、巧色则不宜轻易去除，要尽量保留利用。

（2）构思。要因才施艺，讲究天然造化，尽量尊重砚石的质地、形状、颜色、纹理、厚度等，充分发挥自己想象力，在纸上勾勒构图，反复修改，成熟后复印在砚石上，用毛笔或记号笔勾画好，要依形造型，安排好砚堂、砚池位置，设计好石皮的使用范围。

（3）出坯。用手工或切割机顺着石料上勾画的轮廓线进行裁切。裁切成型后要认真检查，重点是从切面看是否有裂缝，是否出现新的花纹。如果新的花纹比原来的好，要考虑重新构思。在出坯时，要准确把握主要特征来切块分面，从坯料的正面、侧面、反面把握造型实际位置，用凿子把轮廓线外的余料去掉，先凿大块的，后凿小块面的。总之要省略细节，把造型归纳为几个形状简单的几何体块，并着重考虑它们之间的相互关系，要留有修改余地。

（4）粗雕。出坯后，雕刻者要进一步观察砚池、砚堂位置是否适宜，各部位比例是否正确，之后第二次在坯料上勾样。出坯后，砚台轮廓、砚堂、砚池、凹凸和层次在空间上关系已经基本确定。可以用毛笔在高低起伏的块面上，较准确勾画出符合设计意图的图样来。主要考虑细节、特征、各部分比例、前后层次等，这次勾样要求位置准确无误，细节不能过多省略。二次勾样完毕后，可以用双面或单面平口刻刀顺着墨线进行雕刻。下刀要胆大心细，握刀要稳，开始时速度不宜太快太用力，由浅入深，及时修改。大面积地方可以用铲刀来铲刻，运刀时要大胆灵活，顺着墨线铲底分层，由大面积到小面积，刀由大口刀改为小口刀。还要利用刀角、刀尖、刀侧等部位，交替进行铲、切、削、刮、剔等。粗雕要先雕简单容易的，再雕复杂困难的，有利于把握局部与整体关系，注意从整体出发，照应局部，直至轮廓准确，主体突出，层次分明，线条流畅。

（5）精刻。精刻就是对精细部位的进一步加工。贡砚是纯手工制作，精刻工具主要有小平口刀、尖刀和圆刀。雕刻者用小平口刀、尖刀来阴刻线条，如龙的须、爪，牛的毛发，蛇的鳞片等，还有树的皮、草的茎等，取得的效果是逼真、生动。圆刀主要用来刻画大片花瓣、树叶、竹木枝干的曲折凹凸处。总之，精雕的过程，既是对以前加工遗留不足之处的修整，又是对作品提升的过程，必须具有高超技艺和良好素养才能为之。

（6）打磨。与素砚打磨相比，异型砚打磨要求更高。比如打磨龙凤一类雕刻，需用水砂纸折叠成尖角状，蘸水顺着刀路去磨。如果刻有祥云，要顺着云头边缘不停转圈打磨，慢慢由大面向小面，不能直来直去磨，否则会伤了雕刻纹理。龙的爪、须、鳞等一般雕得精细，打磨时更应该认真精磨，达到增强效果的目的。山水类雕刻，打磨时则要注意事物远近变化，虚实变化，一般用400—600砂纸折叠成二层或三层尖角状，用折角处两平面磨平面和大面积的地底，砂纸的折角用于磨小面积的地底和雕琢景物，以达到细、平、顺、柔的目的。花卉瓜果类的打磨要注意顺着叶子的长势和走向打磨，瓜果的打磨可用旧牙刷刷其表面，之后用细砂纸轻轻打磨，以强调果叶对比效果，突出画面主题。

（7）命名。修水贡砚非常重视砚台的命名，好的名字往往有事半功倍之效果。流传下来的命名方法有望文生义法，如依据砚石自然纹理雕刻的多命名山高水长、云淡风轻、花好月圆等；假借比兴法，如雕刻有松树白鹤的命名为松鹤同春，一丛瓜藤吊几个瓜的命名为瓜瓞绵绵等。总之以喜庆、吉祥为高。

（8）铭文。修水贡砚的铭文有三类：一是创作者记录下创作人创作时间；二是通过铭文深化作品内涵；三是利用铭文弥补砚石瑕疵。

对于一方高档异形砚台雕刻，要认真选好砚材，根据砚材的颜色分布、形状、厚度、天然纹理，构思和利用颜色俏色巧雕。在砚台雕刻过程中，有人为意外的损坏，要及时变化，合理安排。砚池、砚堂与雕刻的图案比例要恰当。砚池、砚堂设计的位置要方便使用，达到意想不到的效果。

在整理砚材时，要多整理一些砚材，在闲暇之余多多观看揣摩。在构思思路成熟、颜色形状合理利用后，才能开始创作。有的砚材没有想到恰当的图案，可能要放置几年，甚至更长时间。

一方好的高档异形砚创作，对创作人的艺术素养要求较高。砚制作讲求线条流畅、砚池砚堂达到砚比例的三分之二。砚边根据造型设计的宽度需要，根据石材厚度，图案要有参差，层次要分明，流动感要强，要有高低起伏对比。以雕刻动物为例，对于动物的形态表现，要根据姿态、雕刻动物的动感，肌肉骨骼、动向的自然规律，注意呼应关系。

四、装饰阶段

1. 封

一方好的砚台，要经过上油或蜡封最后完工。简单的上色就是把砚浸入水中，洗去表面杂质，稍微晾干后用柔软的毛笔蘸墨汁把砚涂刷一遍，墨色要均匀，不能出现花斑和手印。待干透后放一段时间，用清水冲刷砚台，再用水砂纸轻轻打磨砚堂，淡淡的墨色就染遍砚台。上好色的砚台要蜡封，目的是阻隔空气对砚台的侵蚀，增加砚台石色光洁度。也有用油处理砚台的，只是油挥发后，砚会显得特别干燥，有的还会出现细微裂缝，因此很少用油封砚台。修水贡砚一般采用蜡封，工艺较细致，力求整体封存。

2. 配盒

修水贡砚多采用木盒，木料多采用杉、杂木，有些名贵的砚配红木、花梨木，盒多采用板材拼镶式，一般在盒的内外刷生漆或树脂漆，光亮美观，能防止墨汁蒸发和水汽侵蚀，对砚台起到装饰和保护作用。该砚盒形制不一定，以砚定型，有的以形定盒。盒一般分上盖和下底两部分，两者之间有子口，可以关合严密。一般说，盒盖的高度是砚盒高度三分之二，盒底是砚盒高度三分之一，这样的比例便于砚盒开启和取砚，也便于砚的观赏和洗涤。

第二节　修水贡砚雕刻的形制、题材、纹饰

一、修水贡砚雕刻形制

贡砚雕刻形制有三种：

（1）高档异形砚：用清水洗好选来的石料，去掉正面表皮，利用天然纹理、颜色、石料厚度、形状来设计图纸。异形砚的制作以镂空的手法和画面写实为主，也有写意砚。

（2）造型砚，也就是自然形砚，指保持了原石料的自然形状，因形顺势，雕琢成砚；或在自然形状基础上，略做裁切，稍做整形加工成砚的。一般有长方形、正方形、荷叶形、圆形、蝉形等。

（3）素砚，也就是规格砚、规则砚，是指按照一定规格、形状、尺寸对砚石进行切割、整形、雕琢等工序加工成型。以圆形为主，另配有盖子，多以线条手法雕刻。

近代修水贡砚生产经历了一个由简单到繁复的过程，也就是从生产素砚为主向生产异型砚、造型砚的转变，其原因是弱化实用功能，突出审美功能，强化艺术价值。

贡砚素砚的主要形制有：凤池砚、玉堂砚、风字砚、人面砚、八棱砚、四直砚、莲叶砚、圆池砚、玉环砚、舍人砚、水池砚、太师砚、东坡砚、葫芦砚、方池砚、斧形砚、圭砚、天砚、蟾砚、璧砚、琴砚、山石砚、山字砚、太极砚等。

贡砚造型、异型砚主要形制有：凤舞蛟腾、太平有象、寿山福海、三阳开泰、花中君子、松寿万年、龙飞凤舞、三星拱照等，主要是因材设计，再赋予吉祥、喜庆、引福、辟邪、清高、节气等，寄托一定的理想和美好愿望。

二、修水贡砚雕刻题材

在继承传统砚台雕刻题材的基础上，贡砚主要突出了以下题材：

（1）生肖。主要雕刻南方常见的动物，如牛、猪、鸡、狗等，王令将老鼠引入创作中，取其精明、灵动可爱。为了观察老鼠的形态动作，他用笼子养了几只老鼠，日夜观察，他刻刀下的老鼠，有的在嬉戏，有的在偷窥，有的在奔跑，栩栩如生，神形毕备。其他北派雕刻常见的动物，如老虎，因为不熟悉，在贡砚雕刻中少见，正好应征“艺术来源于生活”的哲理。

（2）人物。修水贡砚人物以古人物为多，书生、侍女，配之以花草，书卷气非常重，借以凸显文化深厚。少数贡砚可见农人，憨厚可爱，讨人喜欢。

（3）山水。修水贡砚产地多山，多水，属山环水绕之地。山水是贡砚的重要题材，与北派比，修水贡砚雕刻的山水更细腻、温柔，山要见壑，水要见纹；与南派比，略显粗放、粗犷。

（4）花鸟。贡砚产地多花草，多鸟雀，适宜雕刻，贡砚雕刻的花主要的有百余种，如莲花、菊花、荷花、艾花、玫瑰花、百合花等；鸟有雀、百灵、白鹭等，一般都有形神兼备效果。

（5）龙凤。因为是虚拟神物，贡砚雕刻者要善于借鉴，大胆创新。贡砚雕刻的龙凤，体现北派的豪放、矫健、霸气，目有神，爪锐利，雕刻较北派细腻；相比较于南派的浅浮雕，贡砚多采用深浮雕、镂空雕，立体效果明显。

三、修水贡砚纹饰

（1）素砚。长方素砚的砚边不雕琢任何图案纹样，但要求边线平直，转角过渡圆顺，一般有三种常见的边：普通边，表面平坦顺滑，无尖锐棱角毛刺；指甲边，中间呈弧状鼓起，像人的指甲边，饱满匀称；韭菜边，中间成弧状下凹，像韭菜叶般顺滑挺秀。这三种不带任何纹饰的砚边形状，给人简朴明快、端庄素雅的感觉，一直是贡砚的纹饰主要形式。

（2）在砚上雕刻图案花纹，叫作砚雕花纹。砚雕花纹通常分为单独纹样、适合纹样、边饰纹样等。

单独纹样：可以与四周纹样分离单独存在，一般安排在砚池中或砚池砚堂的交界处。

适合纹样：单独纹样的组合方式，将图案纹样在砚面特定的形状内组合，涵盖砚池砚堂图案，既保持砚的磨墨、蓄墨和存水功能，又增强砚的观赏性，最常见的有圆形、长方形、月牙形等，经常采用具有一定吉祥意义的图案纹样，寄寓祝福之意。

边饰纹样：就是在砚的周边镌刻图案纹样，以增强观赏性。贡砚常见纹饰有：云纹，变化多端，有祥云、如意云、四合云等，取高升如意之意；水波纹，纹样流动感强，象征努力进取、生生不息之意；回纹，取回字样，整齐划一而富有变化，寓意吉利深长，富贵不断；缠枝纹，借藤的枝茎缠绵不断、蜿蜒曲折形状，取延年益寿、生机勃勃之意；宝相花纹，一般以牡丹花、梅花、莲花等为主体，再穿插其他花叶组成，取宝、仙之意。

在以上这些传统纹饰基础上，修水贡砚雕刻艺人大胆借鉴、大胆发挥，把山水、动物、仙灵等作为异型砚纹饰，取得了不错效果。

第五章

修水贡砚历代存世经典作品

1. 铜雀瓦砚（清仿）

石质，中实边敛，上狭下宽，呈瓦形。正面中央镂雕一长方形小池盛水，两旁用大篆阴刻黄山谷铜雀瓦砚铭：“维曹氏西陵之陶瓦淹伏千□深川而出逢世清明其屋歌舞除风雨初不自期为翰墨主不有君子长与甓为伍。”下方用小篆线刻铜雀瓦砚志：“艾城王文叔为洛州守……双井黄庭坚志。”《瓦砚铭》右第二行第一字有意漏刻一“龄”字。《瓦砚铭》有三行模糊难辨，砚背面隶书阳刻“建安十五年造”六字。砚长24.3厘米，上宽12.6厘米，下宽14.58厘米，厚2.34厘米，重3.05公斤。明嘉靖《宁州志》、清《义宁州志》均有记载。

铜雀瓦砚，又称铜爵瓦砚，系三国时期铜雀台上的陶瓦，铜雀台毁后，陶瓦被人拾来琢而为砚。铜雀台在今河北省临漳县西南面的古邺城附近。北宋王文叔（进士，今修水人）曾在隔邺不远的洛州（今河北永年）为县官，得铜雀台瓦一块。文叔殁后，其子申将此瓦赠送黄庭坚。

清乾隆年间，万承风官京师（今北京）太子太傅，在同僚阎紫岩家求得山谷铜雀瓦砚，携居故里，筑“古瓦山房”珍藏，清末龚溥庆撰《铜雀瓦砚》一文云：“……今原砚虽存，惜已跌损，用漆胶合，无复旧观，且乡闾响慕古迹，购求者多，万宅后嗣，觅良工以石仿制……”“古瓦山房”毁于中华人民共和国成立前夕，铜雀瓦砚原物，传被人携往海外。清代仿制铜雀瓦砚现藏于修水县黄庭坚纪念馆。

铜雀瓦砚（清仿）

2. 荷塘情趣抄手砚（清代）

清代荷塘情趣抄手砚，长20厘米，宽13厘米，高4厘米。该砚用并蒂莲、荷叶作图案，雕工复杂，做工难度大，巧用荷叶作为砚堂，荷叶上方雕有一只在爬动的螃蟹，并蒂莲被人们视为吉祥、喜庆的征兆，善良、美丽的化身，有神圣高洁、清廉友善、同根同福之意。现藏于修水县黄庭坚纪念馆。

荷塘情趣抄手砚

3. 砖砚（晋代）

陶质，砖形，用半块砖头雕成，长18.5厘米，宽16厘米，厚5.5厘米，重2.325千克。正面镂雕长14.5厘米，宽12.5厘米，有深约6厘米的贮水、研墨平底槽。背面刻近似凹字形边框，砚池的一侧有阳刻隶书“永宁元年八月九日作”的铭文，砚池的一当头刻有几何对角纹饰。“永宁”年号有二：一为东汉安帝刘祐的“永宁”（元年为公元120年），一为西晋惠帝司马衷的“永宁”（元年为公元301年）。据近年来修水县出土的东汉墓砖花纹较复杂的情形来看，该砚池似为西晋时期遗物。1981年修水县收集，现藏于修水县黄庭坚纪念馆。

砖砚

4. 鹅形砚（清代）

质地青石，外形不工整，厚3.3厘米，周长64厘米。砚池正面用简单而精巧刀法顺其石之自然形状镂雕一鹅，头向上弯曲，紧贴背部。环鹅眼刻有一圈文字，自右至左读为“临池为爱鹅试写黄庭罢”。鹅颈上刻“壬子秋后三月小山”。砚池背面刻“天然不用琢，磨砻去圭角，吾独取乎其朴，钱陈群”，所有文字均系阴刻，行书，笔法清秀流畅。从铭文记载得知，该砚为钱陈群遗物。钱陈群，浙江嘉兴人，字主敬，号香树，康熙朝进士，官至刑部左侍郎，以疾罢归。乾隆皇帝常寄书相与唱和，与沈德替并称为东南二老。修水县进士万承风在乾隆时期曾与之同朝共事。1982年在万氏故里汤桥收集，现藏于修水县黄庭坚纪念馆。

鹅形砚

5. 四脚砚（宋代）

粉石质。前狭后宽，呈梯形，制作较粗糙。贮水，研墨之槽前深后浅。背面有四只脚，两长两短。阔6.1~7.9厘米，长10.2厘米，高2.2~2.5厘米。本县墓葬出土征集，现藏于修水县黄庭坚纪念馆。

四脚砚

6. 龙尾砚（清代）

清代龙尾砚，长12.5厘米，宽8厘米，高3厘米。此砚巧妙利用树叶作为砚池，雕工简单、大方、实用，石质细腻温润。现藏于修水县黄庭坚纪念馆。

龙尾砚

7. 雕龙圆形石砚（清代）

清代云龙砚，长31.5厘米，宽31.5厘米，高5厘米。圆形石砚，开堂饱满，做工繁琐，浅浮雕，线条雕手法实用，石质温润，体形硕大，为了减轻砚台自身重量，底部雕刻上升三级，意为连升三级，线条流畅，龙在云中穿梭，有吉祥如意之意。现藏于修水县黄庭坚纪念馆。

雕龙圆形石砚

8. 椭圆形石砚（清代）

清代椭圆形石砚，长19厘米，宽10.5厘米，高3.5厘米。质地细腻温润，线条流畅、干净，开堂饱满，实用大方，从线条就能看出制砚人功底。现藏于修水县黄庭坚纪念馆。

椭圆形石砚

9. 抄手砚（宋代）

石质，通体磨光。正面镂雕一贮水、研墨长方形斜面槽，前低后高。背部抄手槽前高后低。砚池正面前狭后宽，四侧后内倾斜呈梯形。面长12.8厘米，阔7.5~7.9厘米，底长11.5厘米，阔6.9~7.5厘米，高3厘米。墓葬出土征集，现藏于修水县黄庭坚纪念馆。

抄手砚

10. 黄庭坚端砚（仿制）

石质，呈古琴形。正面浮雕花鸟云龙纹饰，背面有四脚，上方篆书阳刻“黄庭坚”三字四方印一颗。砚长25厘米，顶端阔6厘米，腹径14.2厘米，底部阔10.2厘米，厚2.8厘米。原砚系端石质。原物现藏日本株式会社精华堂，现馆藏者系1984年在星子县用金星石仿制，藏于黄庭坚纪念馆。

黄庭坚端砚（仿制）

11. 半叶端砚（唐代）

带盒，形似半片叶子，最长处14.2厘米，最宽处7.5厘米，厚1.5厘米。砚池正面雕刻贮水槽及水波拍出溅起的浪花。背部镂雕凸起的树叶筋络，并行书阴刻“曲池半叶含清芬，右白”等文字。1982年文物普查时在黄沙镇汤桥征集，现藏于黄庭坚纪念馆。

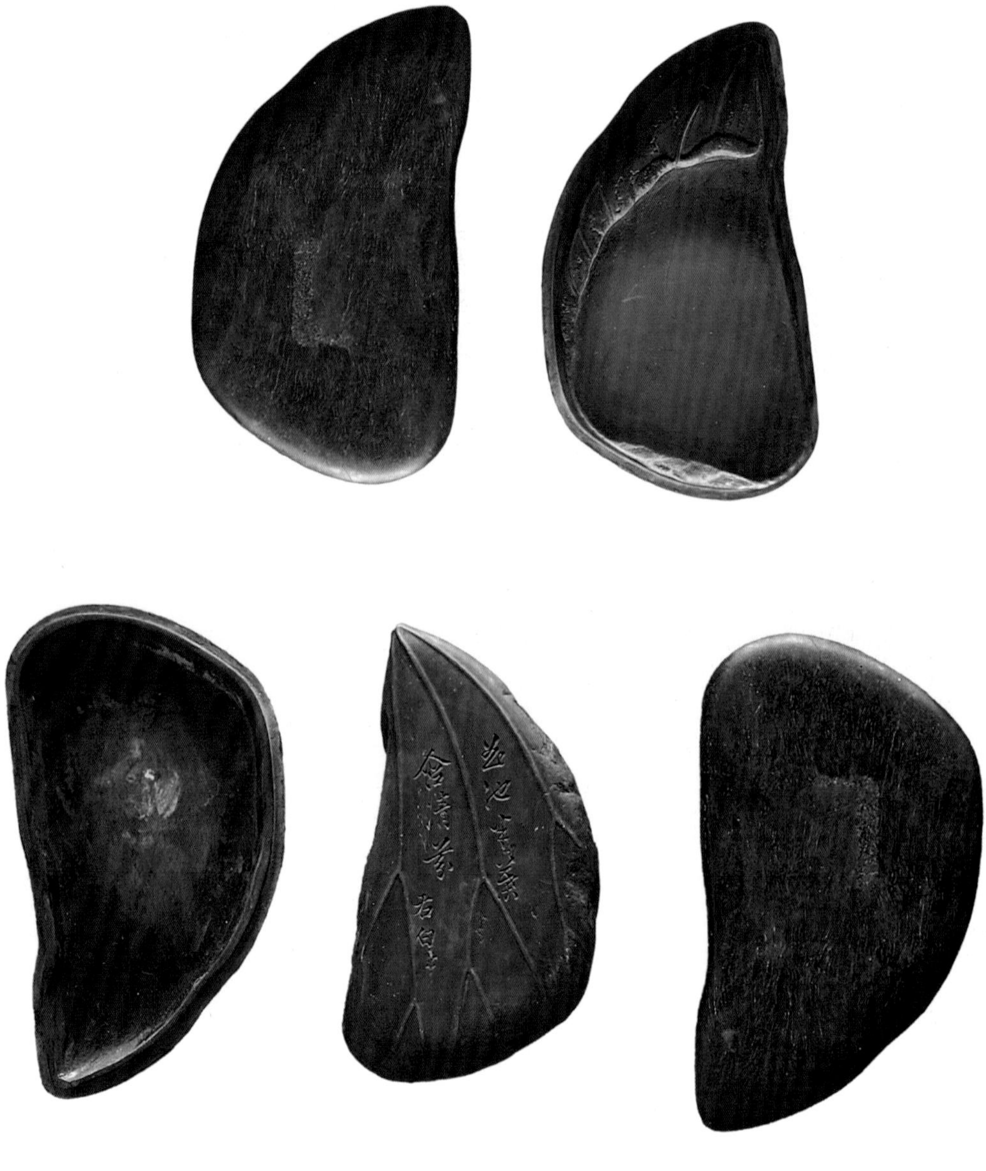

半叶端砚

12. 长乐未央瓦当砚（汉代）

石质，圆形，直径13.9厘米，高2.8厘米，研墨池深1.4厘米，贮水池深1.6厘米，背面有隶书阳刻“长乐未央瓦当”六字。1981年在文物普查中征集，现藏于修水县黄庭坚纪念馆。

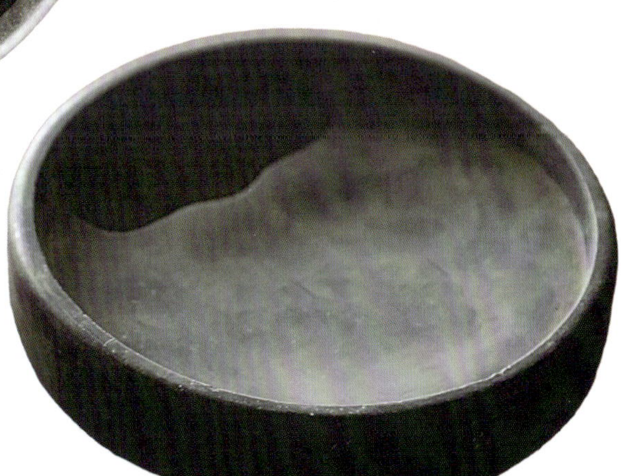

长乐未央瓦当砚

13. 兰亭砚（清仿）

石质，长方形。长26.4厘米，宽17.5厘米，高8.3厘米，砚两侧、两当头、正面上方均雕刻兰亭集宴和九曲流觞图，画面分别有行书阴刻署名王凝之、王彬之等人的题诗。正面下方镂雕贮水研墨槽。砚池背面挖一长21.7厘米、宽12.9厘米、深3.5厘米的长方形槽，槽底阴刻《兰亭序》全文。1981年在文物普查中征集，现藏于修水县黄庭坚纪念馆。

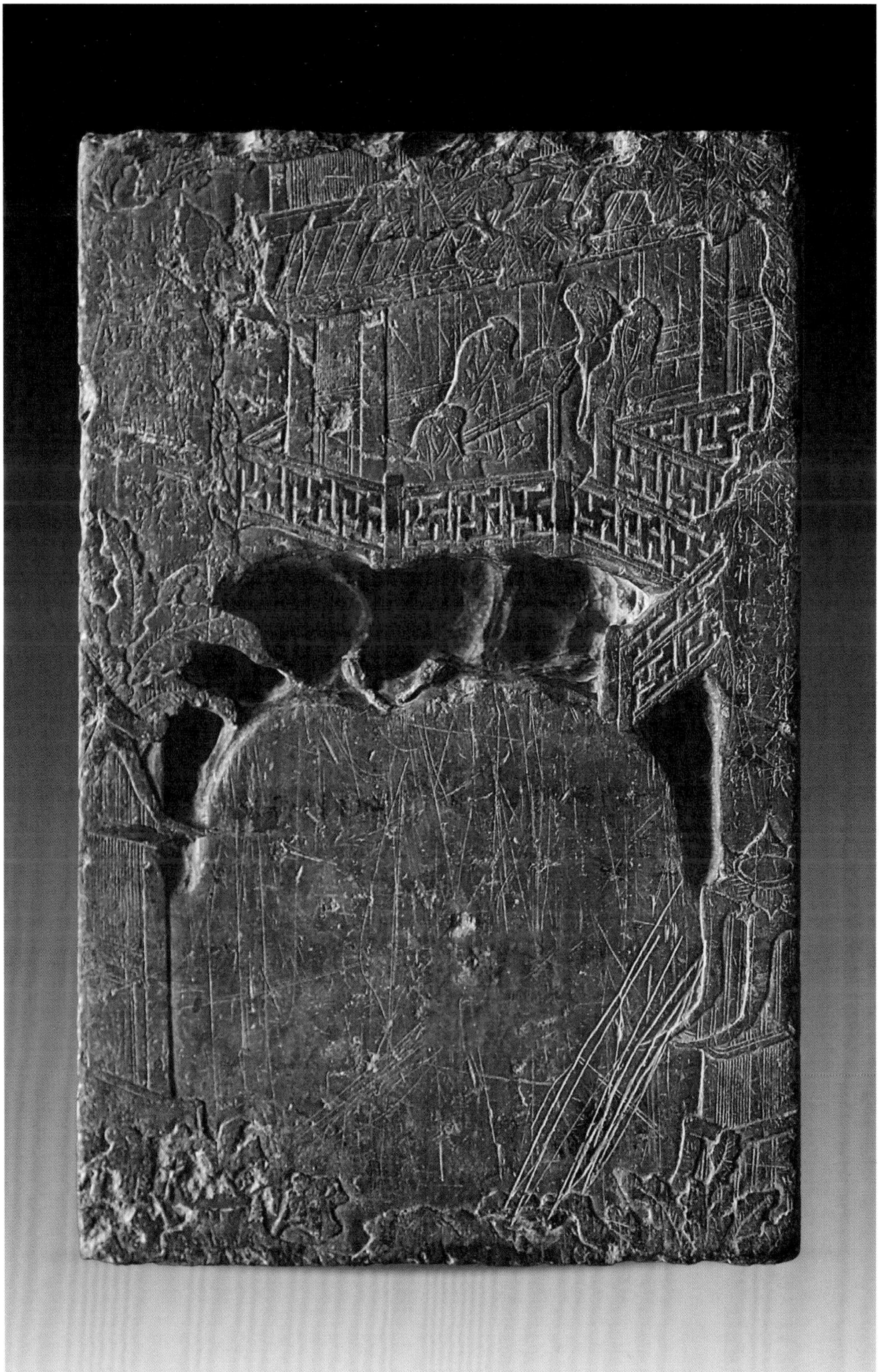

兰亭砚（清仿）

14. 清幽砚（清末民初)

清末民初清幽砚，长14厘米，宽10厘米，厚1.8厘米。砚材是翠绿色，上方刻有诗句，模糊不清，砚台简单大方、实用，石理细腻温润，实木红木盒子增加砚台厚重感。收藏于王令品升堂。

清幽砚

第六章 修水贡砚与非物质文化遗产

第一节　修水贡砚制作技艺：国家级非遗代表性项目

第五批国家级非物质文化遗产项目修水贡砚制作技艺

一、总体概况

修水贡砚又称赭砚，其生产制作主要分布于江西修水县及其周边地区。在或大或小的砚台之上，不仅展现了传统工艺之美，也展现了传统文化意蕴之美。

修水县是江西省九江市的一个下辖县。这里背靠群山，并有修河流经，风景十分秀丽。而这里同样也是北宋大诗人、书法家黄庭坚和国学大师陈寅恪的故乡。一直以来，修水被视为江西的一块风水宝地。

修水贡砚的历史源远流长。人们曾在修水渣津坪上的东汉古墓中发掘出一方砚台，这让赭砚历史可追溯到东汉时期。至唐代，赭砚的手工作坊已经出现。宋时，黄庭坚将赭砚广送好友，使之名扬天下。清代，帝师万承风献家乡赭砚于皇帝，帝喜，将其列为贡品，故又称为“贡砚”。

贡砚之美，体现在天然造化的奇石之上。因修水地质原因造就了以岩石地层为单位的修水群地层结构，盛产作为贡砚石材的修口石，其色泽以天然赭色为主，并嵌有翠绿色。同时，它拥有如水草纹、金晕纹、鸡血藤纹等几十种丰富的花纹。

贡砚之美，展现在精湛技艺与天然美石的结合。雕刻者要因材施艺，根据砚材特征，凭借丰富的经验和瑰丽的想象，完成砚台造型、轮廓、复杂层次和立体空间的构造。而制作过程中最值得称道的，便是善于运用深镂空雕法和立体浮雕法，在精雕细琢中，每一步都是心手合一，每一刀都要丝丝入扣。

贡砚之美，蕴藏于厚重的文化价值之中。修水贡砚受到历代文人推崇赏识，这使得不同时期贡砚也被烙印上不同的文化价值。当代书画家赵朴初曾题词曰：“墨旧款新山谷诗书曾得助，云兴波涌神州文笔看腾辉。”欧阳中石赞：“细润若凝脂，天然造化奇，惊涛生砚底，玉版泛新词。”范曾谓：“砚出修水、字重苏黄。”直到如今，贡砚线条之美，雕刻之精，无不显露出中华民族文化的博大精深，源远流长。

贡砚有大美。这方看似无生命的器物，却凝聚了中国人对生活、艺术与美的永恒追求。这项历经沧桑、古老精湛的传统技艺，理应继续在这块深厚而广袤的土地上扎根，并让清脆的雕琢声再次响起，让民族的艺术和文明得以延续和昌盛。

二、主要特征

1. 砚材特征

贡砚砚材以赭色为主，翠绿为镶嵌，兼分五色（青、黄、赤、白、黑）并且赭色厚度要高于贺兰砚、紫袍玉带石、苴却砚。贡砚砚材共有满天红、金晕、鸡血藤、绿豆青、鱼子纹、水波纹、水草纹、牛毛纹、木纹、天然山水等十几种名贵石品。砚材石质坚而不顽，触笔细而不滑，发墨速而不粗，储水久而不涸。

2. 工艺特征

贡砚雕刻综合了立体雕和深镂空雕之所长，更充分地表现出其图案相互叠错、起伏变化的复杂层次关系，给人以强烈的、扑面而来的视觉冲击。

3. 审美特征

制作贡砚讲求因材施艺，精工细作，构图严谨，神形兼备，且图案取材多样，有的源于吉祥图案，有的源于传统文化，有的源于生活场景，亦有反映重大活动等题材。可谓在物质世界之上，构筑了一个展现中国文化之美的精神世界。

三、工艺流程

贡砚制作，作为一项传统手工技艺，已流传千年。它的传承，从古至今都是在拜师学习中，通过观察、实践、反思，才能逐渐习得。其主要步骤如下：

第一步：采石和选料。砚材通过露天采掘，清除废料后，还需“洗、看、摸、敲”来继续挑选石材：用水清洗石头；看石质、石品；摸石头纹理；敲击石头，判断有无裂缝。

第二步：根据砚材的厚薄、形状、颜色来制作三大类砚台：

高档异形砚：异形砚的制作以镂空的手法与画面写实为主。此类砚的雕刻，要求作者融入其中，融合自然。

造型砚：这种砚常用浮雕、立体雕等手法进行雕刻，充分地表现出图案相互叠错的复杂层次关系，给人以强烈的视觉冲击。

素砚：多为圆形，配有盖子，雕刻以线条为主。

此过程可分为几个步骤：砚台上勾勒草图、打粗坯、初步造型、精细塑造。

第三步：用砂纸打磨制作好的砚台，打磨的步骤为：砚堂、砚池、砚壁、砚底、砚侧。

第四步：给打磨好的砚台上蜡，使之更加细腻光滑。

四、重要价值

1. 艺术价值

因赭色厚度可达3~4厘米，所以因材施艺，主要采用深镂空雕和立体雕结合的手法，雕刻形象立体、刀法明快爽利，表现出一种惊人的创造力和地方文化的突出实践能力。每方贡砚可谓天工与人工的结合，贡砚的纯手工性让砚台的工艺、品相、铭文、触感都别具一格，而且传承历史悠长。

2. 文化价值

贡砚设计灵感多源于传统文化或现实生活，每方砚台都“讲述”着一段故事，且整体构型因石制宜。“精微大义”“器用道显”的古典美学内涵跃然于砚台之上。

3. 交流价值

贡砚因其精湛的工艺和丰厚的内涵，自古以来就是文人雅士彼此馈赠、表达情意的佳品，其价值也逐渐受到了海外人士的关注，对文化交流起到了积极作用。

第二节 王令：国家级非遗代表性传承人及其传承群体

一、王令

王令工作照

王令，字品升，号光声，艺名砚缘。1975年出生，江西修水人，国家级非遗项目修水贡砚制作技艺代表性传承人、江西省工艺美术家、中国民间文艺家协会会员、江西省民间文艺家协会理事、九江市民间文艺家协会副主席、修水县民间文艺家协会主席、江西省工艺美术学会理事。

2010年被九江市命名为市级非遗项目修水贡砚制作技艺代表性传承人；2011年9月被命名为省级非遗项目修水贡砚制作技艺代表性传承人；2022年被推荐为国家级非遗项目修水贡砚制作技艺代表性传承人。

2015年参加中国石雕艺术中青年传承人高级研修班学习，作品被江西博物馆、江西工艺美术馆、湖北省非遗博物馆、修水博物馆、修水黄庭坚纪念馆等永久性收藏。

2016年6月被江西省慈善总会聘请为慈善书法院士，多次参加全国、省、市非遗展览及文化博览会并获奖。王令16岁便开始学习传承手工砚台制作技艺，先后在修水特种工艺厂（前身为修水石板厂）、福州鼓山镇石雕作坊、苏州市藏书镇砚雕作坊、东莞泥塑厂等地拜师学习砚雕、石雕和泥雕等工艺，2005年4月开设修水贡砚展览厅及工作室，1998年回乡创办“江西省修水县砚之家特种工艺厂”，从事修水贡砚的开发与研制，立志于传承和发扬修水贡砚文化。2010年10月在黄庭坚纪念馆开设修水贡砚展览厅及传习所。

作品传承全手工制作，力求根据石材厚度、图案、深浅来增加立体效果，起伏层次，表现手工、砚台线条柔软有力，雕刻精湛、技法高超，在立体雕、浮雕等具体的雕刻手法上颇有创新。

王令长期专注于贡砚工艺及其文化传承传播，积极培养、发掘人才。

王令所获荣誉和奖项：

2005年至2010年期间作者及作品多次被《修水报》《浔阳晚报》《江西日报》《九江日报》《江西画报》、湖北卫视、广东梅州电视台、中国之声等媒体报道。修水电视台也对其进行过专题片报道。

2006年，王令作品《松鹤延年》在九江市剪纸艺术暨民间工艺品大展赛中荣获金奖。

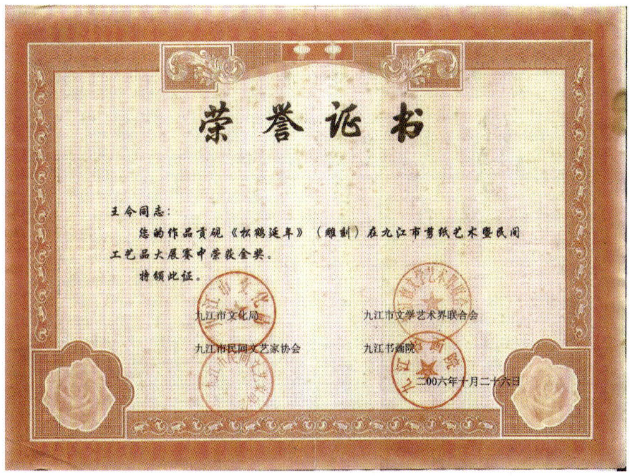

《松鹤延年》获奖证书

2008年，作品《九龙戏珠》刊载《修水史稿》。

2010年，作品《龙庆奥运》刊载《浔阳江》特刊。

2010年，作品《富贵三羊》在第五届中国民间艺术品博览会荣获银奖。

《富贵三羊》获奖证书

2010年10月，作品参加中国鄱阳湖国际生态文化节工艺美术大赛，获铜奖。

2010年10月，参加首届鄱阳湖国际生态文化节—工艺美术大赛、当代工艺美术与发展论坛。

2010年，王令入《修水县志》；成功申报省、市级非物质文化遗产代表性传承人。

2011年，作品《两鼠嬉戏》被江西省博物馆永久性收藏。

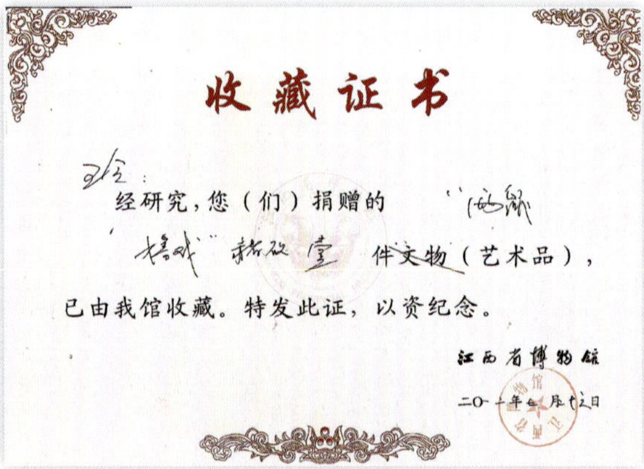
收藏证书

王令：

经研究，您（们）捐赠的 "两鼠嬉戏" 赭砚 壹 件文物（艺术品），

已由我馆收藏。特发此证，以资纪念。

江西省博物馆

[illegible]

《两鼠嬉戏》收藏证书

2011年，作品《秋实》由江西工艺美术馆永久性收藏。

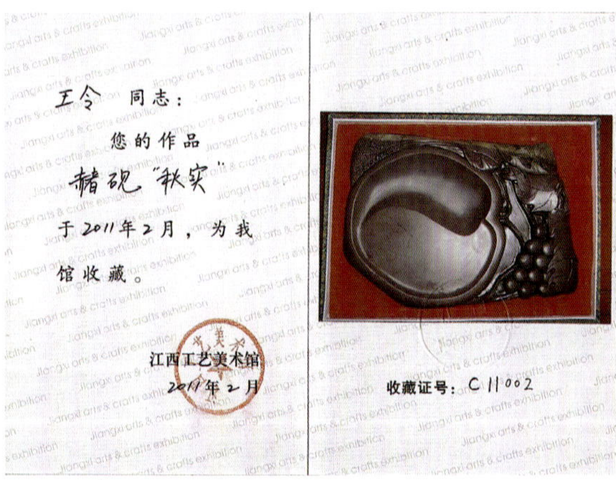
王令 同志：

您的作品

赭砚"秋实"

于2011年2月，为我

馆收藏。

江西工艺美术馆

2011年2月

收藏证号：C11002

《秋实》收藏证书

2013年，作品《茶圣》《龙腾天下》《秋趣》由修水博物馆永久性收藏。

2014年12月，王令被评为江西省工艺美术家。

2014年8月，作品《苏黄对弈》由黄庭坚纪念馆永久性收藏。

2014年，中国深圳国际文化产业博览会上，作品《五鼠闹春》荣获铜奖，多次参加各省、市展览并获奖。

2014年，作品《庆祝奥运》《福禄东海》《龙行天下》被湖北省非遗博物馆收藏。

2015年，在中国轻工业联合会、中国工艺美术学会、中国轻工珠宝首饰中心共同主办的中国工艺美术“百花奖”竞赛中，王令作品《庆祝奥运》荣获“百花奖”金奖，这是修水贡砚第一次获得全国性工艺美术大奖。

《庆祝奥运》获奖证书

2015年6月，作品《龙飞》荣获中国工艺美术博览会华艺杯金奖。

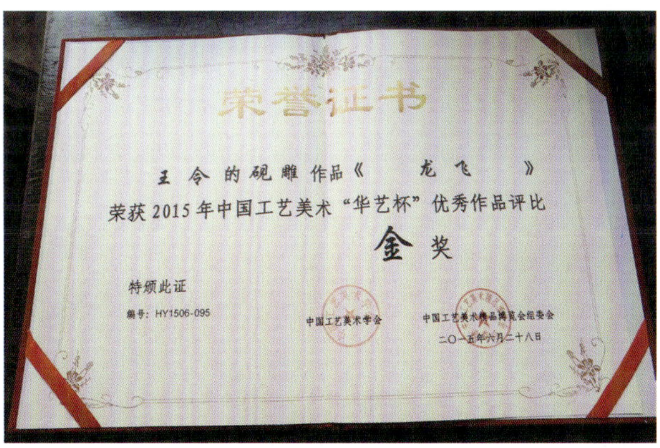

《龙飞》获奖证书

2018年，王令作品《福如东海》荣获第一届江西省文化创意大赛文化创意设计优秀奖。

2019年，王令精心雕刻出重达7.5吨的“砚王”一方。

2021年，王令的砚雕作品《秋收起义》在江西省文旅厅“红色题材非物质文化遗产作品创作评选”中荣获二等奖。

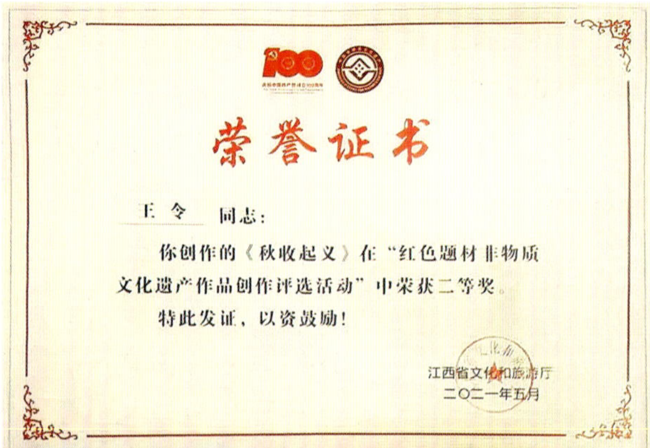

《秋收起义》获奖证书

2021年，王令获聘为九江市非物文化遗产专家库专家。

2022年6月，王令荣获“九江市非遗工匠之星”的荣誉称号。

2022年8月，王令被推荐申报修水贡砚制作技艺国家级非遗代表性传承人。

二、传承授徒

拥有精湛技艺的王令，注重培养工艺传承的接班人，获其专业指导的周存根在各项大赛中有突出表现。王令先后带动5位九江市级非遗代表性传承人就地就业。

当代修水传承谱系中以王令为代表，徒弟：丁天赐、王海江，丁奇珍，此外，李夏春、赖冬生、周存根、廖胡兵、丁黄桂、刘显梅、饶亚农、丁修文等依旧走在推广、生产贡砚的第一线。具体如下：

第一代：黄贤华（1897—1978），男，出生于龙岸村噪口梅岭山脚下（赭石产地），该地为古代修水前往南昌、九江必经之路。20世纪50年代，黄贤华师承当地制砚师傅，在修水县城开设砚台行，以制作实用素砚为主，尤其擅长“因石制宜”雕刻砚台，其风格粗犷、大方、美观。徒弟傅堂贵。

第二代：傅堂贵（1942—2003），男，曾在修水县木器社（后改修水县工艺美术厂）长期从事砚台生产工作。在此期间，经常和其他手工艺者交流，取长补短、融会贯通，将木器、国画、制陶等多种技法或构图综合运用于贡砚制作，极大地丰富了砚台的表现形式。尤为擅长浅浮雕、深浮雕。徒弟赖冬生、李复春。

第三代：赖冬生（1956—），男，砚刻作品《五龙砚》在九江市剪纸艺术作品中荣获金奖，荣获第九届海峡两岸（厦门）文化产业博览交易会“中华工艺精品奖”评比最佳创意奖。长期从事修水贡砚制作开发，多次参加省内外展览展示活动并获奖。曾在修水县工艺美术厂从事制砚工作。在师承前辈的基础上，独自钻研，由传统浅浮雕、深浮雕，发展出镂空雕，其刀法精致、细腻、干净。同时，在传统造型基础上又增加了花鸟、瓜果、人物等图案，刻画准确、形象逼真，将贡砚的图案表现推上了一个台阶。徒弟王令、廖胡兵。

第三代：周存根（1967—），男，1987年进入修水工艺美术厂学习贡砚雕刻与设计，师承工艺厂雕刻名师付堂贵，踏上专业雕刻之路。在老师的指点下日益精进各种雕刻手法，设计能力在时任厂长万根平的指导下获得提高。由于多年来一直对石头情有独钟。多次参加全国工艺美术作品展览展示活动，并获奖。2017年被认定为修水县级非物质文化遗产代表性传承人，2018年成为中华炎黄砚文化研究协会会员，2020年加入九江市民间文艺家协会。同年被认定为修水贡砚制作技艺第五批九江市级非遗代表性传承人。荣获2016年中国工艺美术“百花奖”（莆田）作品评比金奖。

第四代：王令（1975—），男，1991年在县城特种工艺厂拜师学习贡砚制作技艺，后又辗转福州、苏州、东莞等多地学习，承前辈之法，融各家所长。在图案上，开创了红色文化题材，在手法上，综合了立体雕和深镂雕之所长，能充分表现出图案相互叠错、起伏变化的复杂层次关系，给人以强烈的、扑面而来的视觉冲击。徒弟刘显梅、丁奇珍、王振民。

第四代：廖胡斌（1972—），男，江西省民间文艺家协会会员，1989年—1992年在修水县工艺美术厂工作，1993年至今从事贡砚制作。2000年在贡砚轩励志开发修水贡砚，传承和发扬地方传统技艺文化。多次参加市级展览并获奖。2020年被认定为修水贡砚制作技艺第五批九江市级非遗代表性传承人。

第四代：饶亚农（1966—），男，1992年在修水县特种工艺厂学习砚雕手艺；1993年进入非金属公司名下特种工艺厂工作；1995年转入修水县工艺美术厂；1998年开始自设作坊生产；2004年在广东台山雕红木家具；2006年在江苏苏州从事建筑砖雕；2008年进入修水县芦塘工业区志峰雕刻厂；2017年开始从事砚雕手艺。2018年到星子、婺源、歙县等地参观学习；2019年参加九江茶博及传统工艺展览会等。

2017年被认定为修水县级非物质文化遗产代表性传承人，2018年成为中华炎黄砚文化研究协会会员，2020年加入九江市民间文艺家协会。同年被认定为修水贡砚制作技艺第五批九江市级非遗代表性传承人。

第四代：丁修文（1967—），男，1987年高中毕业后进入修水工艺美术厂学习赭砚雕刻与设计，师承工艺厂雕刻名师付堂贵、李夏春，踏上专业雕刻之路。在老师的指点下日益精进各种雕刻手法，设计能力在时任厂长万根平的指导下获得提高。由于多年来一直对石头情有独钟，2010年加入梅林艺坊，任职雕刻车间主任至今。

在长达三十年的雕刻生涯中，能熟练巧妙地将立体雕刻、线雕等运用于砚台雕刻之中，对于石雕有深刻的理解，具有高超的审美能力，所创作砚台造型精准、生动，并且有深厚的艺术修养与生活素材的积淀，在创作过程中思维敏捷、灵活善变，在雕刻过程中可由石料内部质地、颜色的变化而随时对预定方案做出相应调整。

作品多次在全国性展览中获得好评，2016年创作的砚台作品《长青》荣获第九届海峡两岸（厦门）工艺精品银奖。2017年5月被正式确定为修水贡砚制作技艺第四批九江市级非遗代表性传承人。

第五代：丁奇珍（1980—），男，自幼受到艺术的熏陶，父亲丁文武曾是修水特种工艺厂的职工，后任人民教师。1998—2003年在南京舟山警备司令部服兵役，曾任部队连队文书、司令部宣传科书报专职出版员，荣获过二等奖。2003年在福建、广东、广西、浙江、东阳等地学习设计、雕刻艺术，在修水贡砚代表性传承人王令门下学习雕刻技艺，虚心学习，刻苦探索。2018年成为中华炎黄砚文化研究协会会员，2020年加入九江市民间文艺家协会。

第五代：刘显梅（1975—），女，师承王令。2000年在县城贡砚轩学艺学习、传承手工技艺砚台制作。2000年以来，多次参加省市县及全国民间博览会、非遗展览。2010年10月在黄庭坚纪念馆开设贡砚展览厅。2020年被认定为修水贡砚制作技艺第五批九江市级非遗代表性传承人。

第五代：丁黄桂（1970—），男，1990年高中毕业，受父亲熏陶，在黄沙乡工艺品厂上班学做木雕，1992年底转到修水工艺美术厂上班，学习砚台技艺，1997年南下打工从事工艺品（树脂、陶瓷）开发、设计和泥塑工作，2003年改做玉雕，2006年返乡创立自己的工作室，跟王令研制砚台至今。2018年成为中华炎黄砚文化研究协会会员，2020年加入九江市民间文艺家协会。同年被认定为修水贡砚制作技艺第五批九江市级非遗代表性传承人。

2018年特聘为修水美术协会名誉会员，2015年被评为修水县非物质文化遗产修水贡砚传承人，2015年特邀参加中国长江非物质文化遗产大展，2016年任修水县文艺家协会理事。2017年修水电视台《走进修水栏目》对其做过专题报道。2020年被认定为修水贡砚制作技艺第五批九江市级非遗代表性传承人。

参与活动：

2018年6月1日，参加省文旅厅在南昌举办的全省非物质文化遗产展示活动。

省文旅厅在南昌举办全省非物质文化遗产展示活动

2019年参加九江市民间文艺家协会第八次会员代表大会，担任副主席。

九江市民间文艺家协会第八次会员代表大会合影

2019年1月参加江西省第五批国家级非遗项目申报调度会。

2019年2月修水县品升砚台有限公司成功申报江西省非物质文化遗产生产性保护示范基地。

2019年5月5—17日参加江西省文化发展巡礼展。

江西省文化发展巡礼展现场

2019年11月14—17日参加中国国际旅游交易会。

2019年11月26—28日参加中部地区国家级文化生态保护实验区建设交流活动展览展示。

2019年11月28—30日参加在江西科技师范大学举办的中国江西传统工艺与非遗传承高峰论坛。

2019年12月1—26日参加由黄山职业技术学院举办，由文旅部、教育部、人社部组织的中国砚雕非物质文化遗产传承人群研培训计划高研班。

2019年12月21日，参加“江西省砚台联展”“修水县首届文化创意产品展”“修水县首届非物质文化遗产展”“修水县首届民间文艺作品展”。

“江西省砚台联展”“修水县首届文化创意产品展”“修水县首届非物质文化遗产展”“修水县首届民间文艺作品展”现场

2019年参加九江市非物质文化遗产进景区庐山秀峰景区展演展示活动。

2019年修水贡砚制作技艺参加九江市文旅局在九江学院举行的九江市非遗进校园活动。

2019年为祝贺第十四个“文化与自然日”，进校园“匠心非遗展”在九江学院隆重开幕，王令参加活动。

2019年参加全市非遗保护工作总结交流会暨非遗业务培训班。

2022年7月24—26日参加乐平古戏台文化传承人与学者跨界对话。

2021年元旦江西非遗扶贫年货展览展销现场

2022年乐平古戏台文化传承人与学者跨界对话下乡考察学习现场

2022年乐平古戏台文化传承人与学者跨界对话学习班现场

第三节 “砚王”：王令及其传承群体的旷世之作——巧夺天工九龙砚

这是一方长4.86米，宽2.4米，高1.5米，重13吨的砚台，砚台名“九龙戏珠”，被誉为“砚王”，主要构思、主体雕刻者是王令。

说起这个砚台的诞生经过，富有传奇色彩。

王令的老家是路口乡，路口乡有个兜罗村，偏僻，多产青石。有一年连日暴雨，一座石头山自然崩塌，掉下3块大石头。王令熟知这里的石头可以雕刻砚台，闻讯，即进入深山察看，见到3块大石头，如获至宝，马上联系了挖机挖掘简易道路，拖车搬运石头。费了几天工夫，才把石头运出深山，最大的一个被拖到修河边的砚台作坊，其他两个放祖居屋场备用。

面对庞然大物，王令琢磨它的用途，是切割开作砚台，还是雕刻一方大砚台？这块石头浑然天成，曲线饱满匀称，如果切割，就是对砚石的破坏，作为老艺人，王令于心不忍；如果雕一方大砚台，雕什么好，怎样雕，谁来雕，经费怎样筹措？这些都需要一一解决。

一个成熟的艺人，一定有挑战自己的勇气，有创新创造的激情！王令查阅了相关资料，了解到全国最大的砚台产于河北易水，第二大砚台产于甘肃兆河，他决定把整块石头雕刻成一方砚台，那将是全国第三大砚台。

着了迷的王令自早到晚绕着砚石琢磨，雕刻什么，从哪里起笔，运用怎样的走势，哪里是重点，怎样呼应，怎样结束？他拿着一支笔在砚石上画了涂，涂了画。一个多月后，完整的构思诞生了，一条巨龙躯干遒劲，龙首回顾砚石中央一颗硕大的龙珠。巨龙周边环绕数条龙，龙首都朝向龙珠，场面宏大，动静相宜。王令激动不已，马上取过大白纸，按比例绘好砚石图，在图上勾勒九龙戏珠的景象。经过多次修改，王令确定了样图，并征求众多好友建议，不断修改完善。

王令要雕刻砚王的消息迅速传遍砚界，得到热烈响应，许多砚界高手跃跃欲试，表态参加。王令整修了作坊，完善了生活设施，他知道即将诞生的作品不是一天两天、一月两月就能完成的，他要给师傅们良好的生活保障；购置了多套雕刻设备，邀请本县砚台雕刻师傅饶亚农、廖胡兵、丁黄贵、丁奇珍、王军，星子县李平汉、熊先盛、刘先年等共襄盛举。王令的妻子刘雪梅，儿子王振民不但参与组织协调，而且直接参与雕刻工作。

作为主设计师、雕刻师，王令承担了主龙及龙珠的雕刻。在王令的指导、调度下，九龙戏珠砚自2018年3月动工，至2019年8月完工，计18个月。

九龙戏珠砚问世，是江西砚界的盛事，也是全国砚界的喜事。据考察过九龙戏珠砚的砚界人士评价，该砚在全国砚台名录中具有重要地位，一是砚石好，修水独有，体量大，体态匀称，石质4.0左右，不软不硬，蕴含独特的金晕、水波纹。二是构思妙，把握石头结构，重点突出，动静结合，详略得当，体现构思者娴熟的艺术构思。三是手法巧，整幅作品体现了修水砚雕技艺，多用镂空雕、深雕，佐以浅浮雕等技艺，水平高超。

九龙戏珠砚具有独特的审美价值和可观的经济价值。

“砚王”设计中

图上“砚王”

“砚王”制作中

“砚王”打蜡

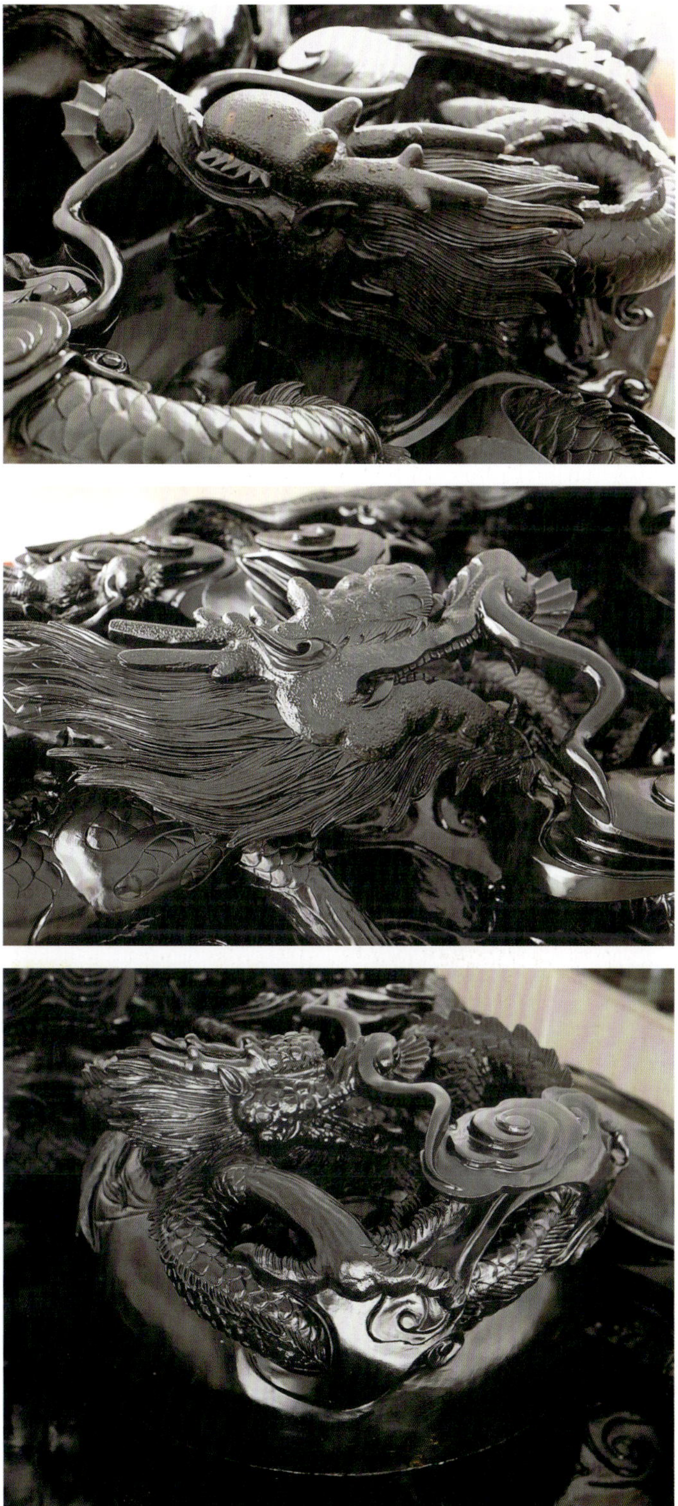

“砚王”局部

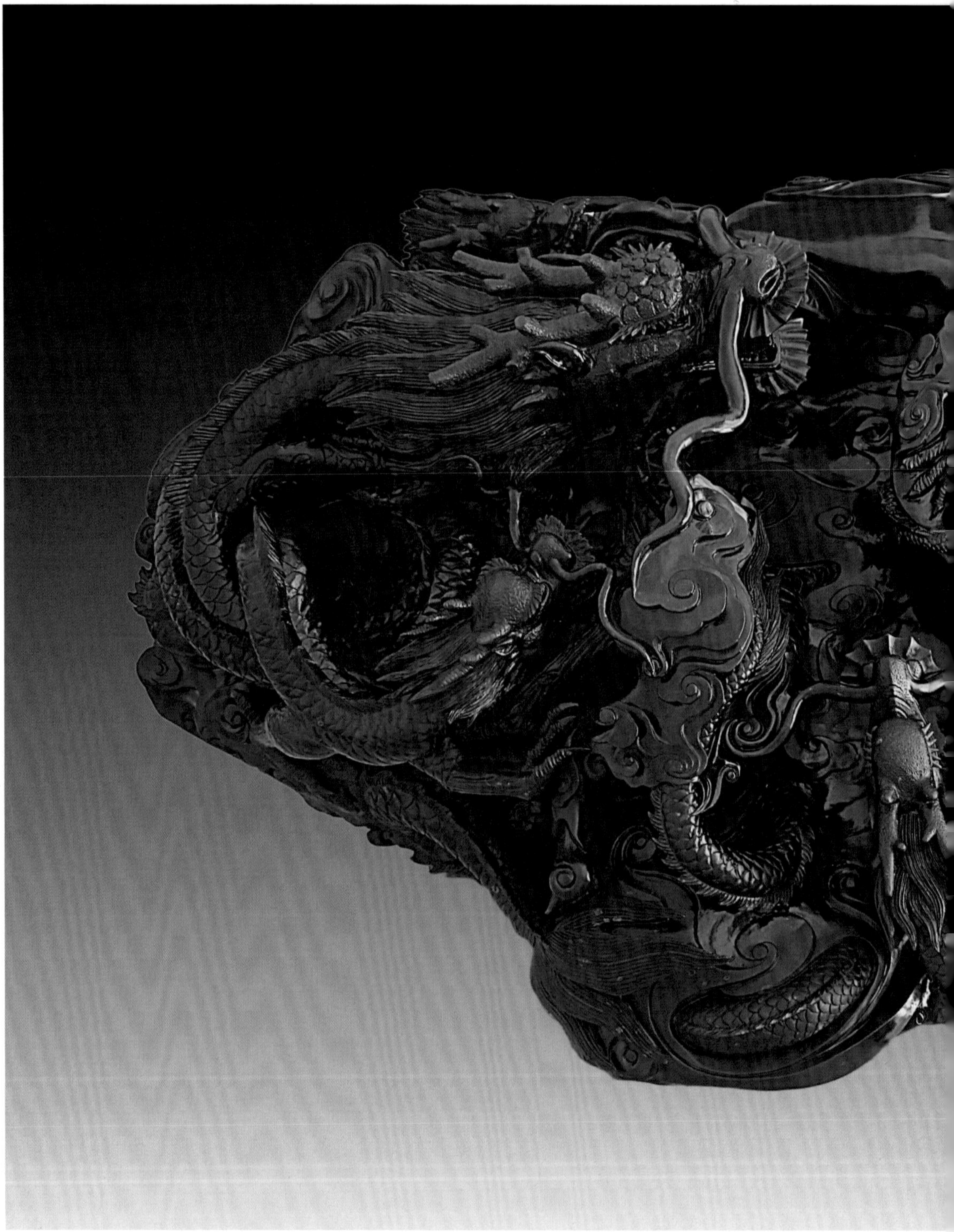

“砚王”成品

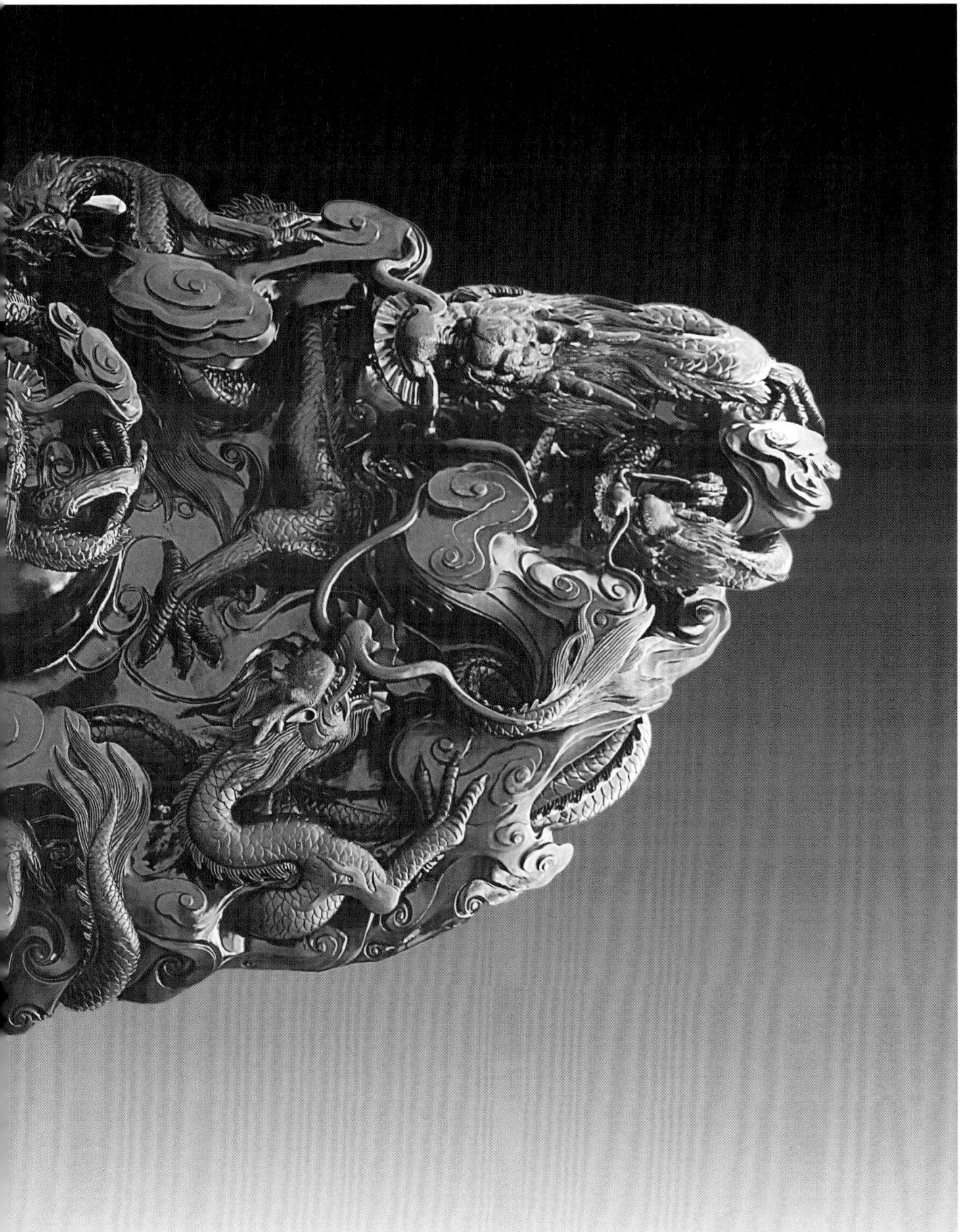

“砚王”鉴赏

第七章 修水贡砚保存与收藏

第一节 修水贡砚的实用、观赏和收藏价值

一、修水贡砚的实用价值

贡砚“触笔细而不滑，发墨速而不粗”，历千百年被文人雅士誉为文房佳品，价格适中，一方小型砚台售价数百元到数千元不等，具有极高的实用价值。

二、修水贡砚的观赏价值

贡砚具有极高的观赏价值，体现在以下几点：

一是贡砚砚石的独特性。纯净的赭色，温暖热烈，勃发着生机，给冷清的书房带来力量。赭色的浓淡、层次分明，过渡自然，展现大自然神奇的造化之功。兼有绿色的砚石，对比鲜明，各有千秋，相得益彰。再加上砚石中天然的纹理，如鸡血藤的蜿蜒、红艳，水藻纹的摇曳多姿，青花的凝重端庄，呈现给我们的就是一幅幅美妙的画图。

二是贡砚雕刻的艺术性。贡砚雕刻历史悠久，有继承，又有发展，与历史、文化、政治、经济密不可分，集文学、生活、诗词、书法、绘画、民俗与雕刻艺术于一体，从某一角度、某一范围反映我国某一历史时期的现状，每一方砚台都隐藏着丰富的历史信息。贡砚雕刻的原则是因材施艺，反映出作者在审美造型、书法绘画、雕刻乃至文学艺术上的修养和造诣，给观赏者提供了欣赏的无限可能。一幅好的贡砚作品中，中国的传统书法绘画、雕刻乃至诗文，均呈现飞舞的动感，这种动感，往往通过线条表现，目的是增强动态，增添生气。欣赏者通过线与面的对比，可以感受灵动的

生命力。明清时期注重砚台的造型和装饰效果，砚台的观赏性更强。此后的砚台造型丰富多样，制作工艺日臻完善，出现了形式多样的砚台，如葫芦砚、瓜砚、鹦鹉砚、月样砚、圭样砚、八角辟雍砚、双凤朝阳砚、五蝠砚、鲤跃龙门砚等。装饰题材也广泛丰富，山川树木、日月风云、鸟兽鱼虫、花卉人物等都被应用。在雕刻手法上，有多层立体雕、镂空雕、薄意雕、浅浮雕和阴刻阳刻等。

另外，砚台制作往往结合砚铭、诗词雕刻完成，一篇好的铭文，内容丰富，文辞精练，含义深刻，形式多样，书体篆、隶、楷、行、草俱备，不少为珍贵的书法作品和艺术品，足为收藏者欣赏。

三、修水贡砚的收藏价值

贡砚实用价值与欣赏价值兼备，因而具备收藏价值，其原因，清代林正青道出真谛："然田宅有时而墟，金帛有时而尽；而是砚，千秋万岁莫如尔寿，而题识也垂之不朽。"贡砚因为良好的名声、优良的品质、精湛的工艺，广为各方人士青睐、收藏，一般收藏价格在万元以上。

一方砚台，兼具了材质美、雕刻美、书法美以及强大的文化内涵，非常值得玩味。更何况，在所有收藏品中，砚台最具保存价值。先看材质美，中国古代四大名砚，都是由罕见的矿石雕刻而成，砚台是用来发墨的，基本功能就是发墨要强，而且不伤毛毫，这就要求砚石必须材质坚硬适度、密度极高，同时好的砚台还显得温润、娇嫩，一方材质名贵的砚台，呵气成珠，可以直接研墨。因为这个特点，一些名坑出的矿石虽未经打磨也得到了文人墨客欣赏，多有文字赞赏之。因此，砚台收藏，首先要重视材质，那些早已"绝版"无法再开采的名坑砚石，尤其是有着珍贵石品的，价格一定不菲。

砚台蕴含丰富文化信息。砚台承载的是雕刻者的思想，展示的是时代风采，属于雕刻文化中的一种，无论对于整体砚台的设计造型、雕琢、打磨，还是因材施艺、巧夺天工的纹饰图案，都体现了审美情趣与价值。如宋代砚台，讲究砚台四边略微向里面收敛一点点，不但在视觉上显得美观，而且直接传达宋代文人内敛、谦和的精髓。砚台每条边的线条，都因为手工打磨，而达到一种体现哲学精神的境界。宋代和明代的砚台，在形制上达到文人崇尚的天人合一的理想高度，其线条之美，几乎可以看作是当代极简主义的先声。

砚台收藏者的身份丰富了砚台价值。一方好砚台，往往会引得文人为之题铭，有的赞美砚台材质、造型，有的叙述得来经历，有的记录创作过程，有的撰写人生格言，传递给家族后人，其优美的书法与精美的砚台结合，两者相得益彰，决定了它在市场上的价格。从市场角度看，1999年，一方清乾隆澄泥伏虎砚在北京拍出121万元，创当时砚台最高纪录；2010年，北京保利国际拍卖有限公司以1 400万元拍出一方非常接近的澄泥伏虎砚，价格已翻十番。2007年，西泠推出砚台拍卖专场，大量名人题名的砚台几乎全部成交。从这个意义上说，修水贡砚迎来了沉寂数十年后的又一个重要发展时期，有无限空间和可能，重展贡砚风采既是贡砚创作者的使命，也是当地党委、政府义不容辞的责任。

第二节　怎样挑选、保存修水贡砚

人们购买修水贡砚，主要有三个目的：

第一，求实用。对砚台要求是“发墨不损毫”，品种多为淌池砚、丹打砚、走水砚、太史砚、门字砚等。砚石多为征村砚石。在挑选时，可以把砚安放在玻璃板上，看整个砚形砚璞是否平正，再就要求各边线条正直、流畅，线条越简单、越平正越好。要注意砚堂是否上蜡，上蜡就不能研磨了。砚台上蜡是给石砚加注了一层保护面，防止空气中的各种有害物对砚台的腐化。上了蜡砚台其他色泽更清楚、更美观。砚台上蜡后，如需使用，要用1000目砂纸带水打磨，清除蜡质显现光芒后才可以才使用。

第二，求欣赏。这样的砚台一般是珍品和鉴赏品。其一，石质甚佳，纯净无瑕，而且有名贵的石品花纹；或者石质不是最好，但无特别瑕疵，且有某种难得的石品花纹，都属于佳品。其二，石质很好，也有名贵石品花纹乃至佳眼，但砚石略有瑕疵，或有石皮，那就需要名师设计和雕琢，特别强调因材定题，因石构图，创作出佳品。

第三，求实用兼欣赏。砚台既可以研墨挥毫，又可以摆设在书房作为艺术品欣赏，以体现主人文化品位。这类砚台，一要砚堂（磨墨的地方）适中，方便磨墨使用。二要砚池较深，方便储墨，太小的砚堂和太浅的砚池都不实用。在此之外，砚台的欣赏价值体现在砚石质量上，以赭色为最佳，赭色夹绿色次之，翠绿最次。三要看砚石花纹、石砚及雕刻工艺，几方面的完美结合才是佳品。四要看砚台表现的题材，精致的砚形、设计和雕刻，最能体现品位。

使用和保养贡砚，不但要保护砚台本身不破损，而且要保持砚石的石质不变和持久发墨。

第一，以水养砚。要用清水注于砚池，砚堂不能注水，久浸不发墨。砚洗净以后，须用清水保养，以养砚石之莹润。保养施水的方法是：砚池应每日换清水，不可令干；磨墨处不能有水，以防久浸不发墨。

第二，阴凉养砚。贡砚不能长久在日光中暴晒，这样会使石质干燥，失去滋润，研磨出的墨汁成色相对减弱或者失去原有特点。

第三，洁净养砚。贡砚在使用后应该及时用清水洗干净，如果砚堂中经常沾有墨迹，或残留着用剩的墨水，就会影响贡砚的实用效果，久之会影响砚台石质。因此，要重视砚台的洗涤，谨记“宁可三日不沐面，不可一日不洗砚”。但不得以滚水洗，不得以纸揩，以皂角清水洗最好。新启用的贡砚，如偶不发墨或发墨不好，可用杉木烧木炭粉末蘸水，以毛刷磨砚堂数遍，之后用清水洗干净，即可发墨。

保养贡砚，还需要注意研墨的方法，一种是自左而右打圈研磨；一种是拉锯式研磨。研磨时墨身应该垂直，重按轻转，先慢逐渐加快，不能急于求成。研墨时要加清水，切忌用开水，也不能用茶或污水。加水要一点点添加，不要将墨条浸在砚堂中待其发软时才研磨，这样既损墨又伤砚，研出墨汁不仅没有光泽，而且浓淡不均。

第八章

修水贡砚精品选录

五谷丰登
36cm × 36cm × 12cm
作者：王令

龙凤呈祥
46cm × 28cm × 11cm
作者：王令

竹报平安

32cm × 16cm × 4cm

作者：王令

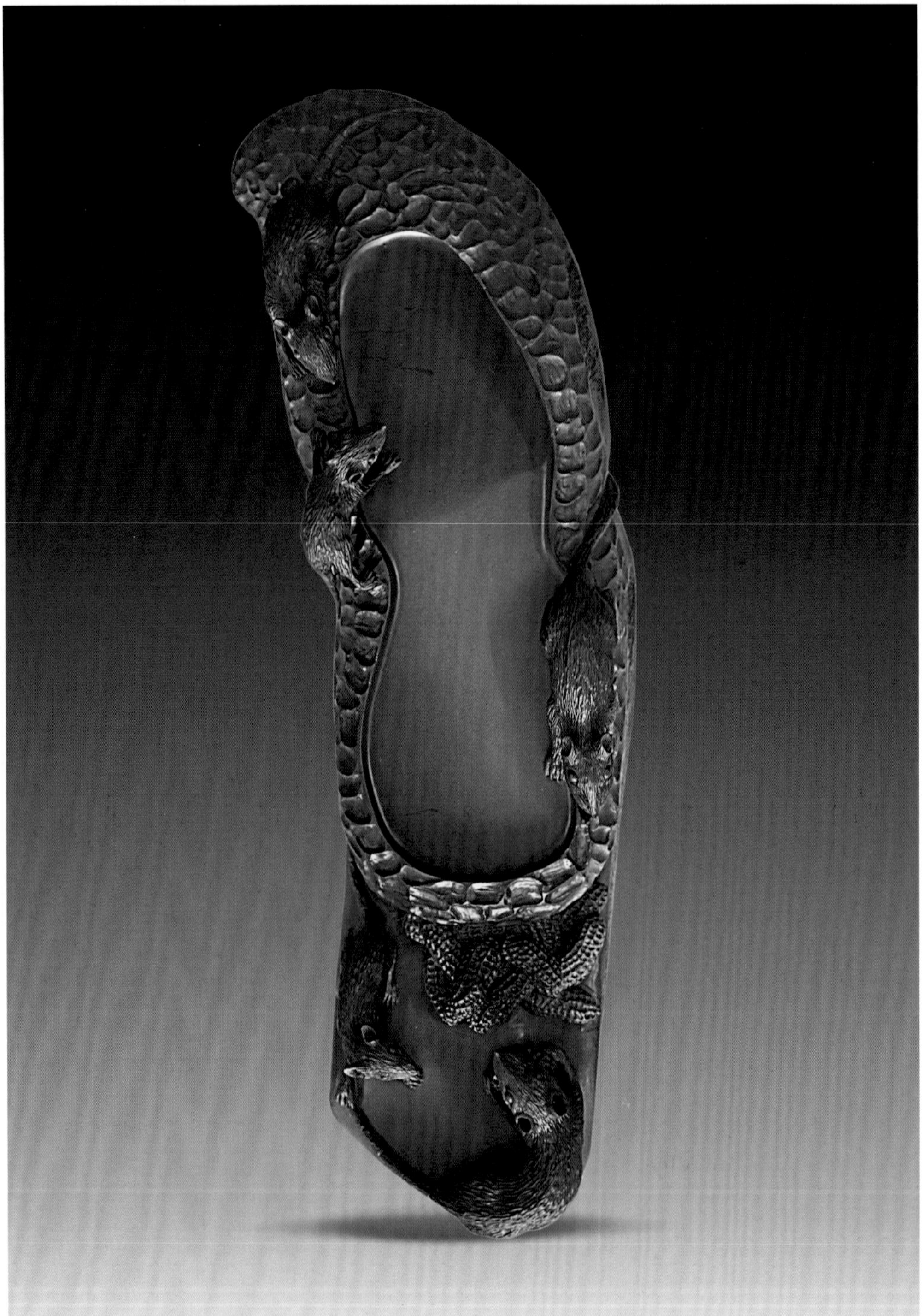

五鼠闹春
42cm × 12cm × 7cm
作者：王令

福禄东海
36cm × 36cm × 7cm
作者：王令

五鲤朝阳
28cm × 28cm × 3.5cm
作者：王令

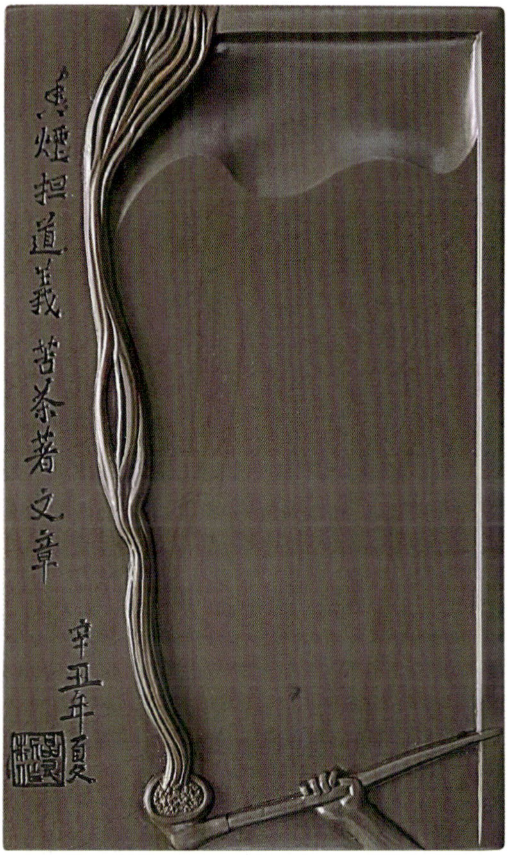

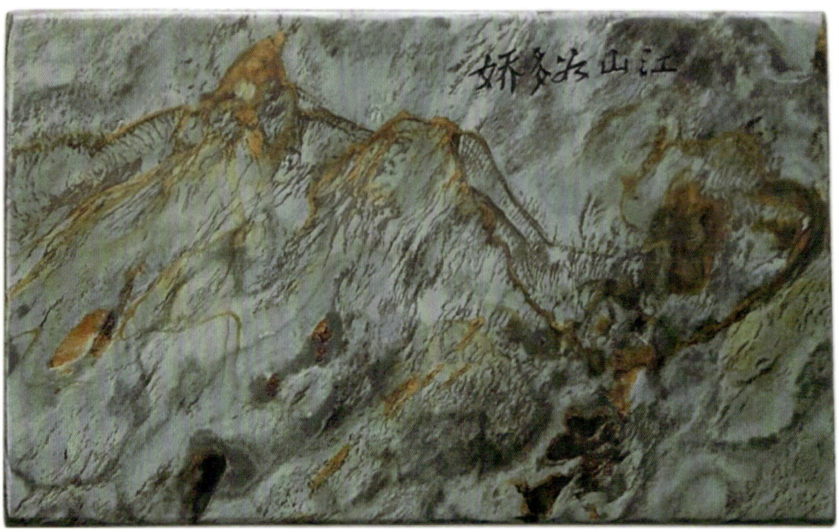

逍遥
18cm × 11cm × 3cm
作者：王令

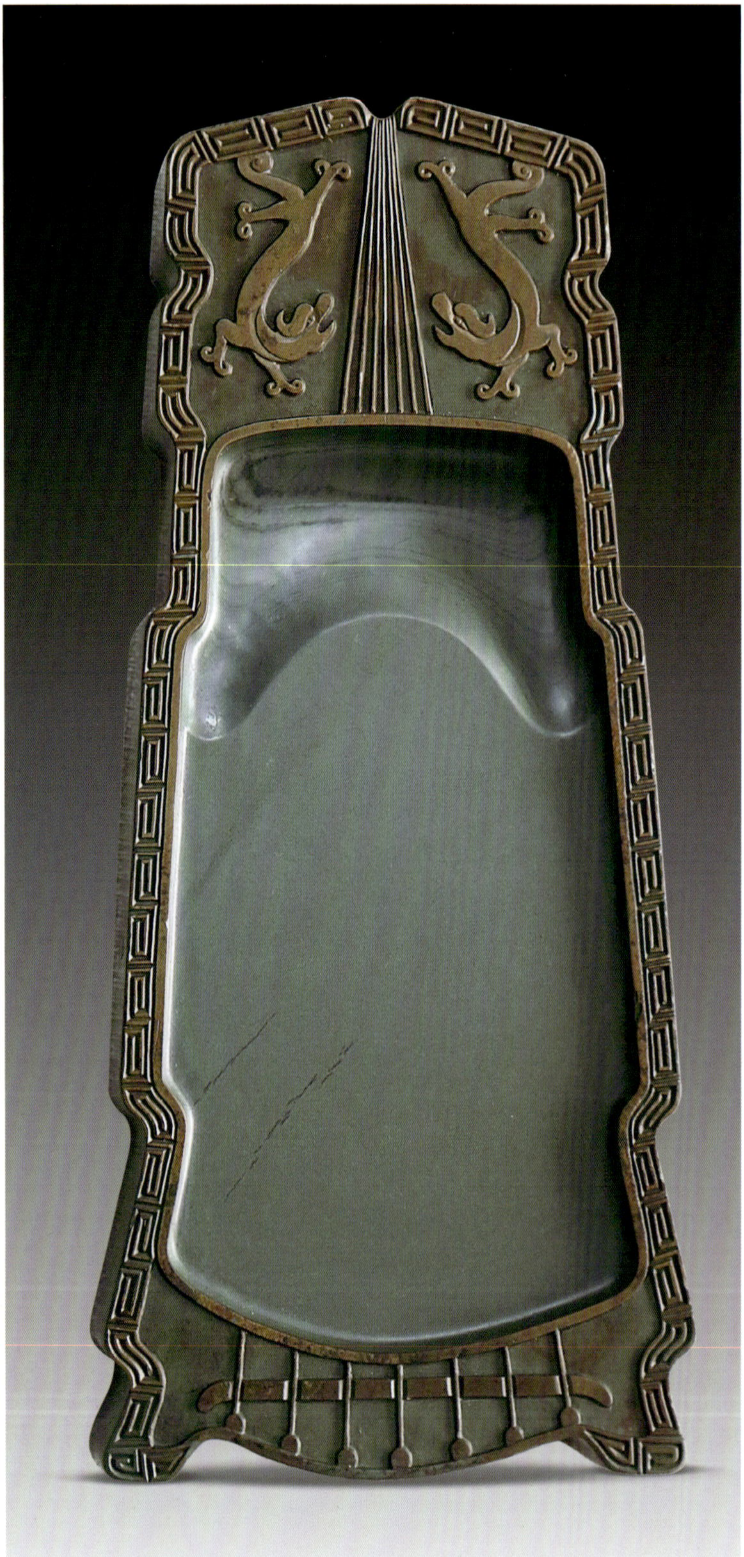

古琴砚
29cm × 14cm × 5cm
作者：王令

五福临门
45cm × 28cm × 5cm
作者：王令

麒麟吐瑞
24cm × 15.5cm × 3.5cm
作者：饶亚农

双福伴寿
21cm × 13cm × 3.5cm
作者：王令

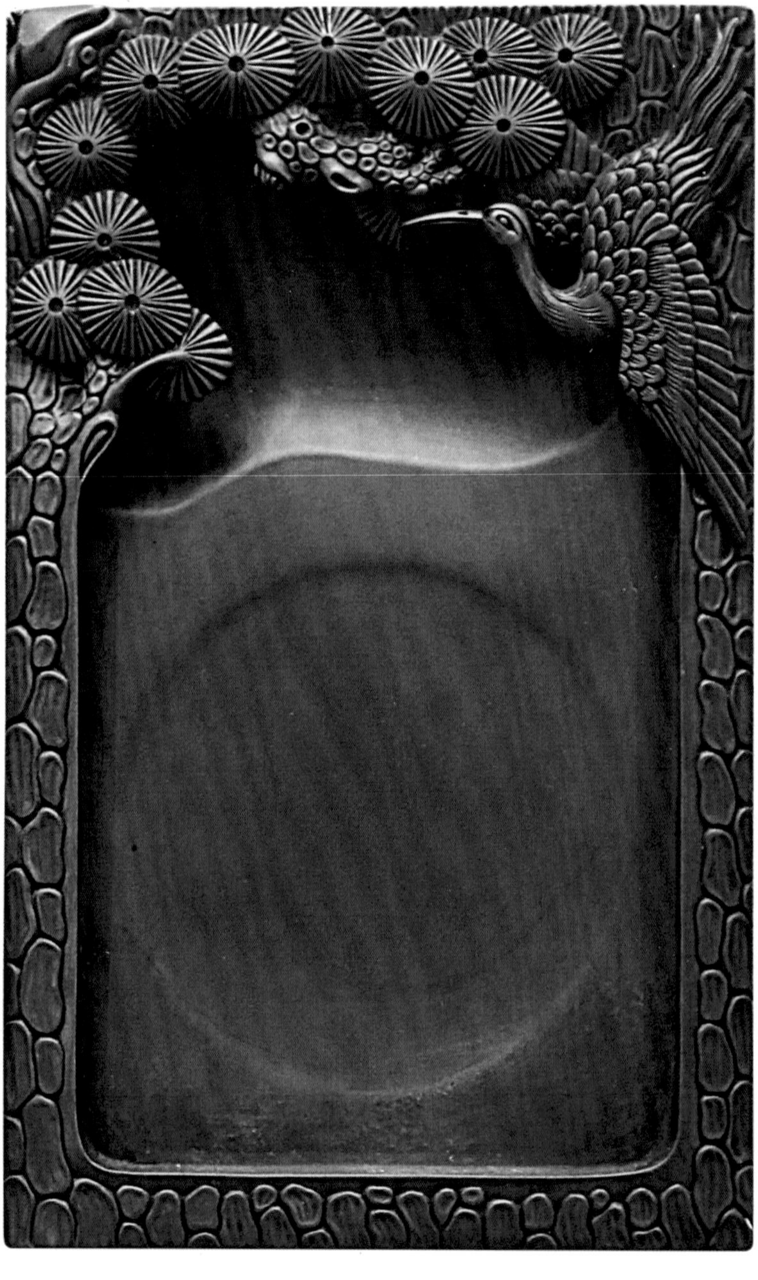

松鹤延年
20cm × 13cm × 3.5cm
作者：胡应兴

双龙戏珠
23cm × 23cm × 5cm
作者：王令

五子登科
35cm × 32cm × 6cm
作者：王令

禅意
27cm × 18cm × 4cm
作者：王令

双龙
53cm × 32cm × 6.5cm
作者：王令

怀素书蕉
31cm × 15cm × 4cm
作者：王令

美事美圆
13cm × 13cm × 9cm
作者：王令

虎溪三笑

42cm × 30cm × 5.5cm

设计：王令　制作：胡应兴

云龙文案
28cm × 15.5cm × 5cm
作者：王令

太白遗风
35cm × 20cm × 3.5cm
设计：王令　制作：胡应兴

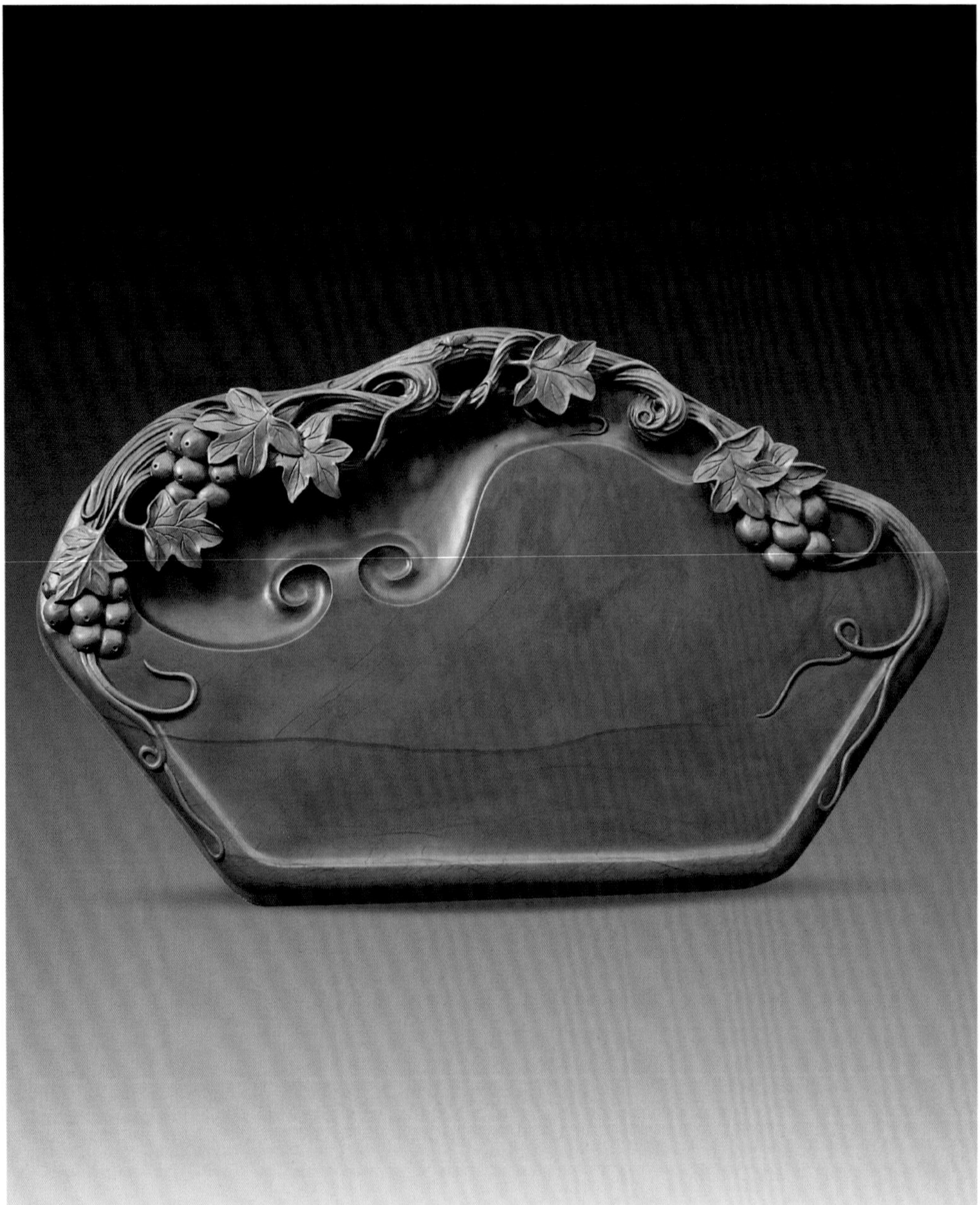

秋趣
37cm × 23cm × 3cm
作者：胡应兴

庆祝奥运
42cm × 42cm × 6.5cm
作者：王令

秋实
58cm × 36cm × 8cm
作者：饶亚农

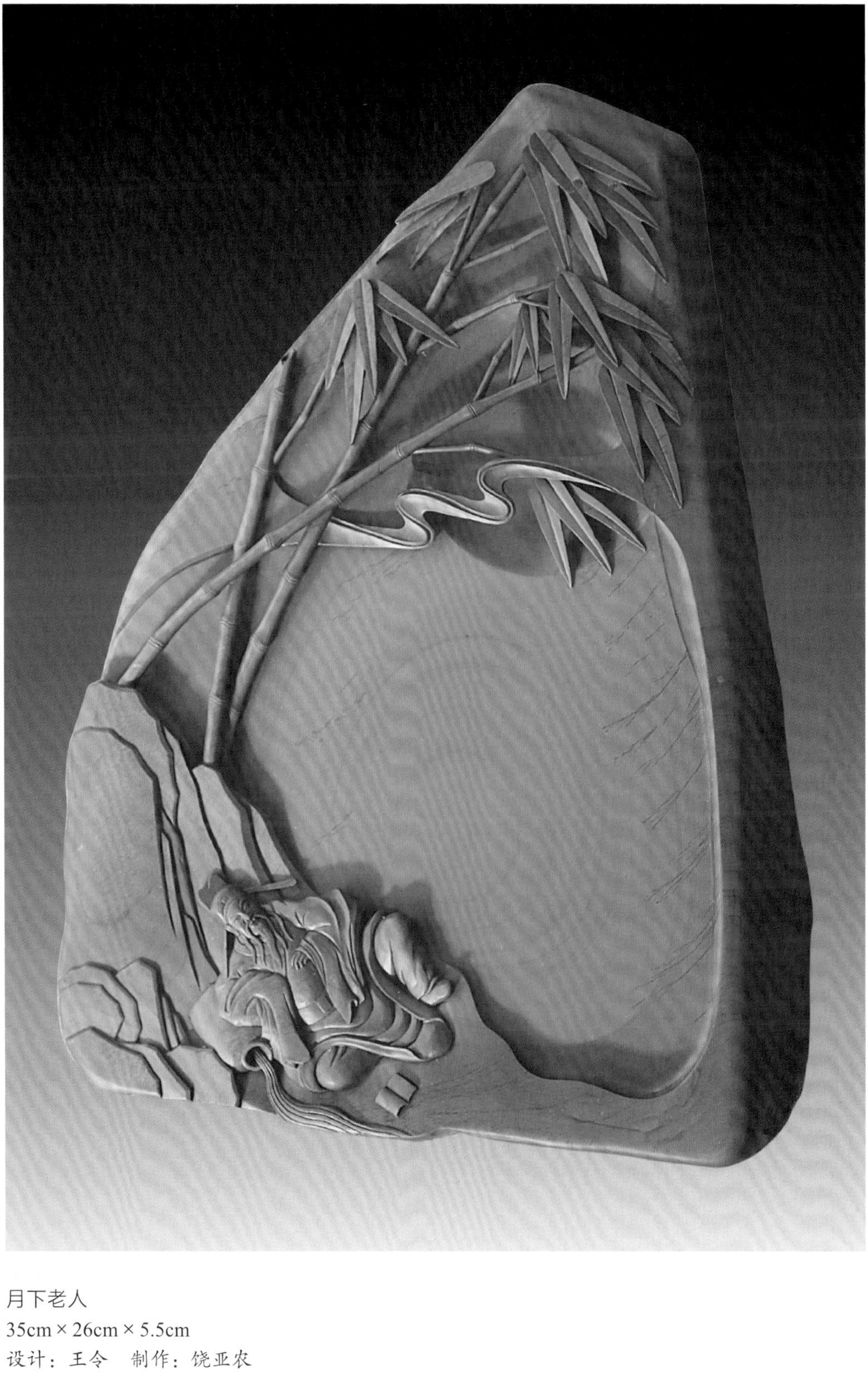

月下老人
35cm × 26cm × 5.5cm
设计：王令　制作：饶亚农

金秋
42cm × 30cm × 7cm
作者：王令

草凤砚
28cm × 21cm × 5cm
作者：胡应兴

丹凤朝阳
31cm × 20cm × 5cm
作者：饶亚农

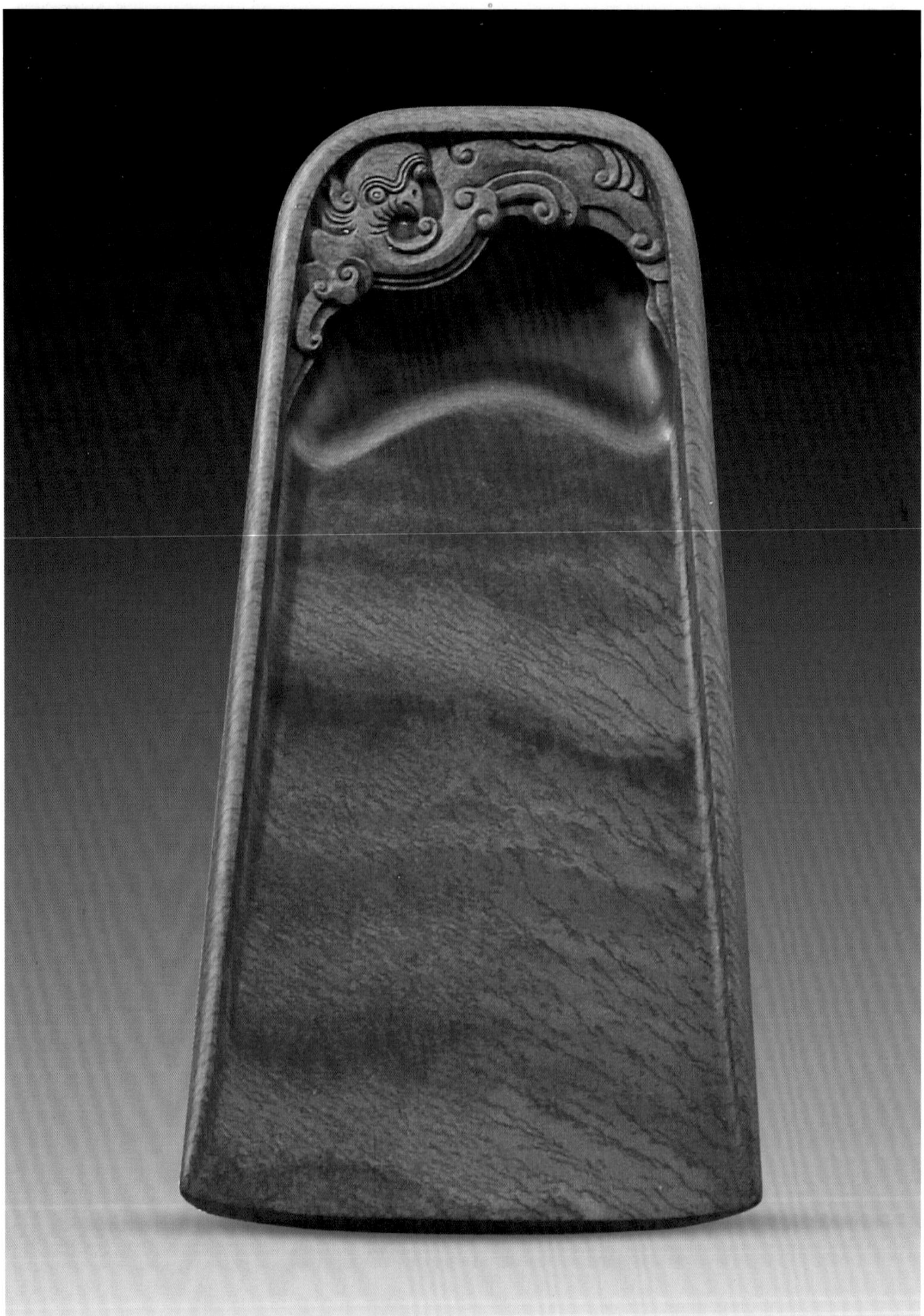

凤字砚
20cm × 10.5cm × 3cm
作者：胡应兴

松鹤延年
28cm × 16cm × 4.5cm
作者：饶亚农

单龙
23cm × 18cm × 4cm
作者：饶亚农

草凤砚
22.5cm × 15.5cm × 4cm
作者：傅长贵

兔子砚
26cm × 21cm × 5cm
作者：胡应兴

九枝如意砚
29cm × 25cm × 3.5cm
作者：胡应兴

麒麟吐瑞
26cm × 18cm × 4cm
作者：饶亚农

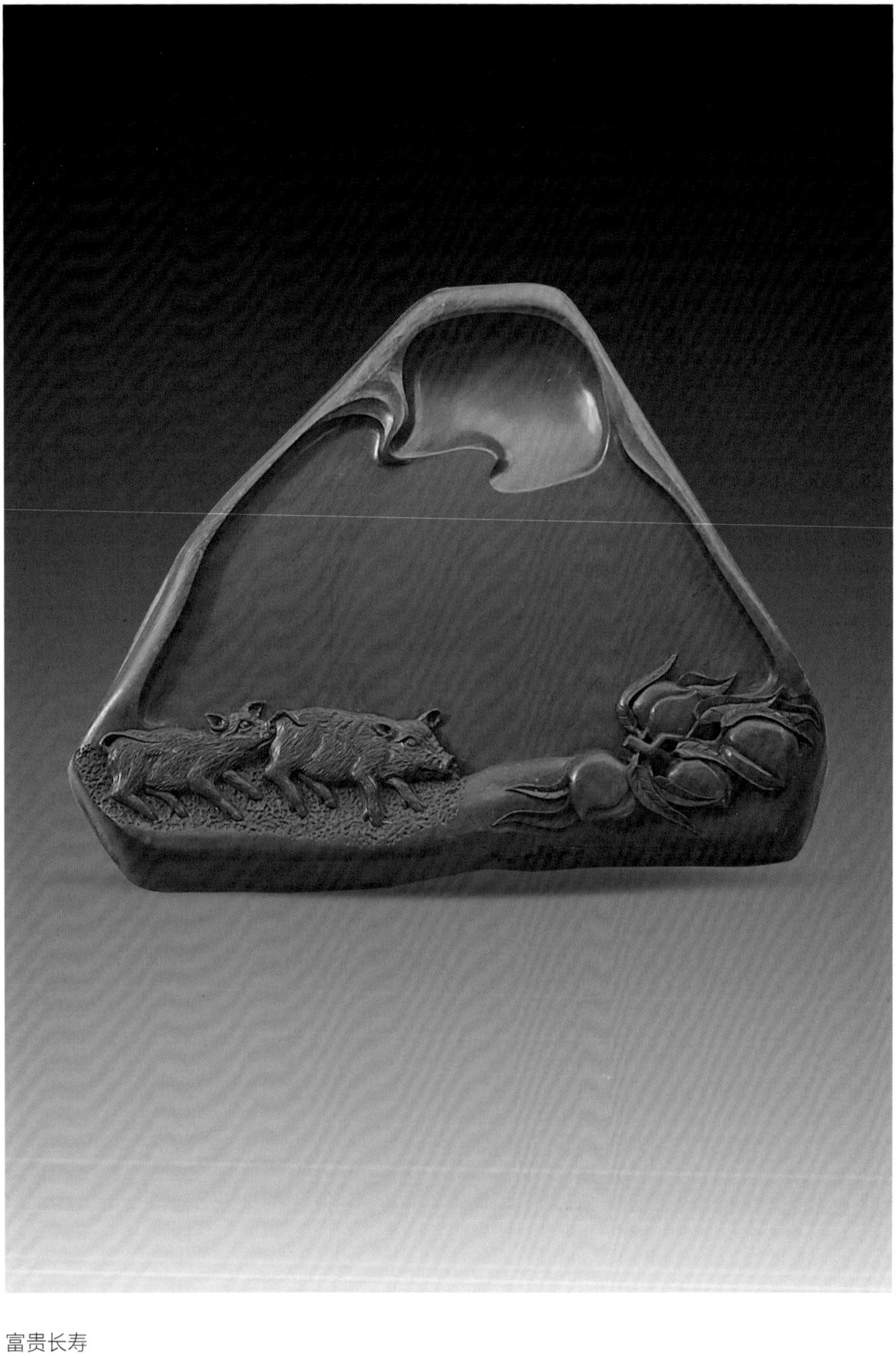

富贵长寿
30cm × 26cm × 4cm
作者：刘显梅

踏青

22.5cm × 14.5cm × 3.5cm

设计：王令　制作：胡应兴

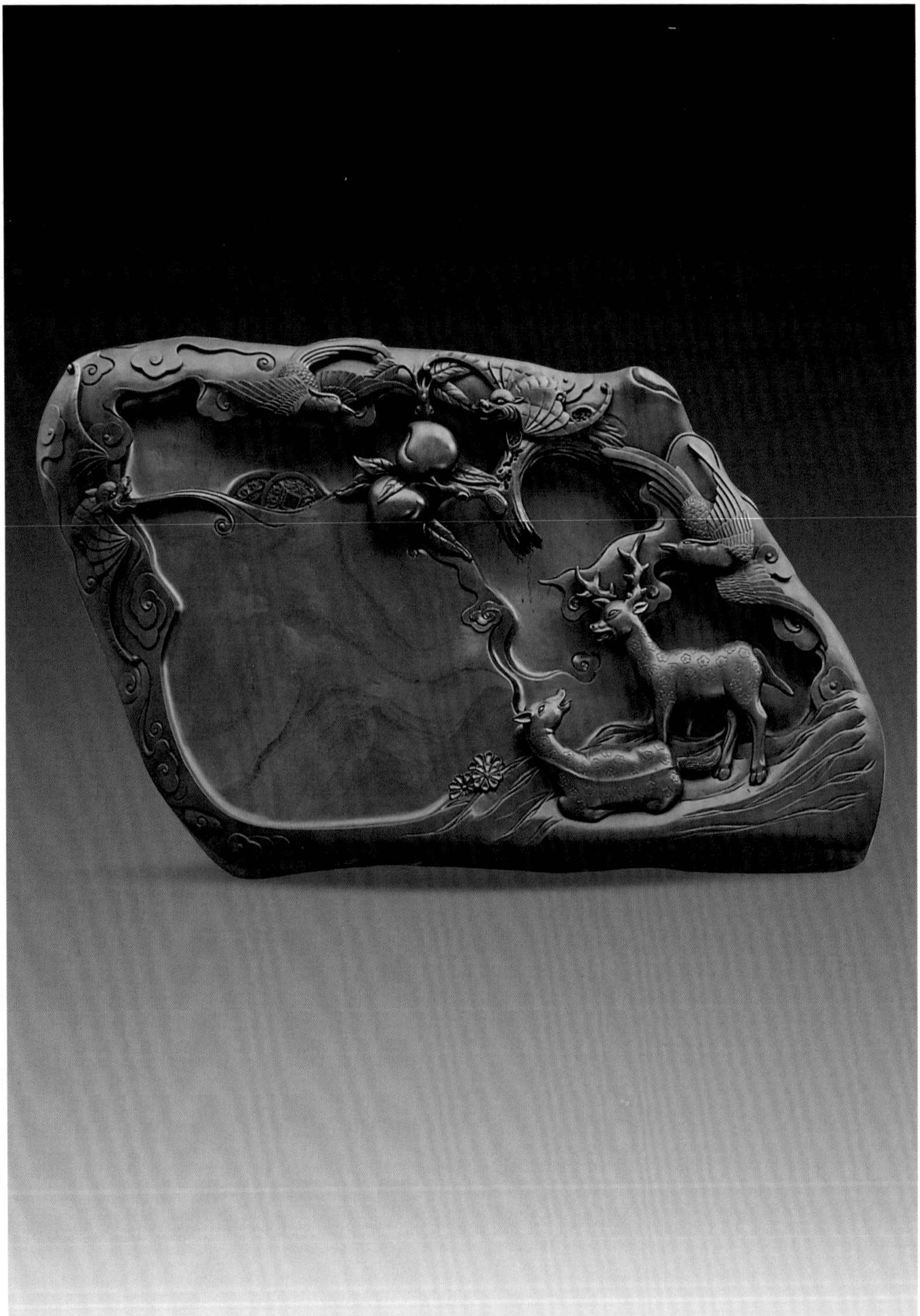

福禄寿喜

38cm × 26.5cm × 6cm

设计：王令　制作：胡应兴

双龙戏珠
65cm × 39cm × 7cm
作者：王令

五福临门
42cm × 28cm × 7cm
设计：王令　制作：胡应兴

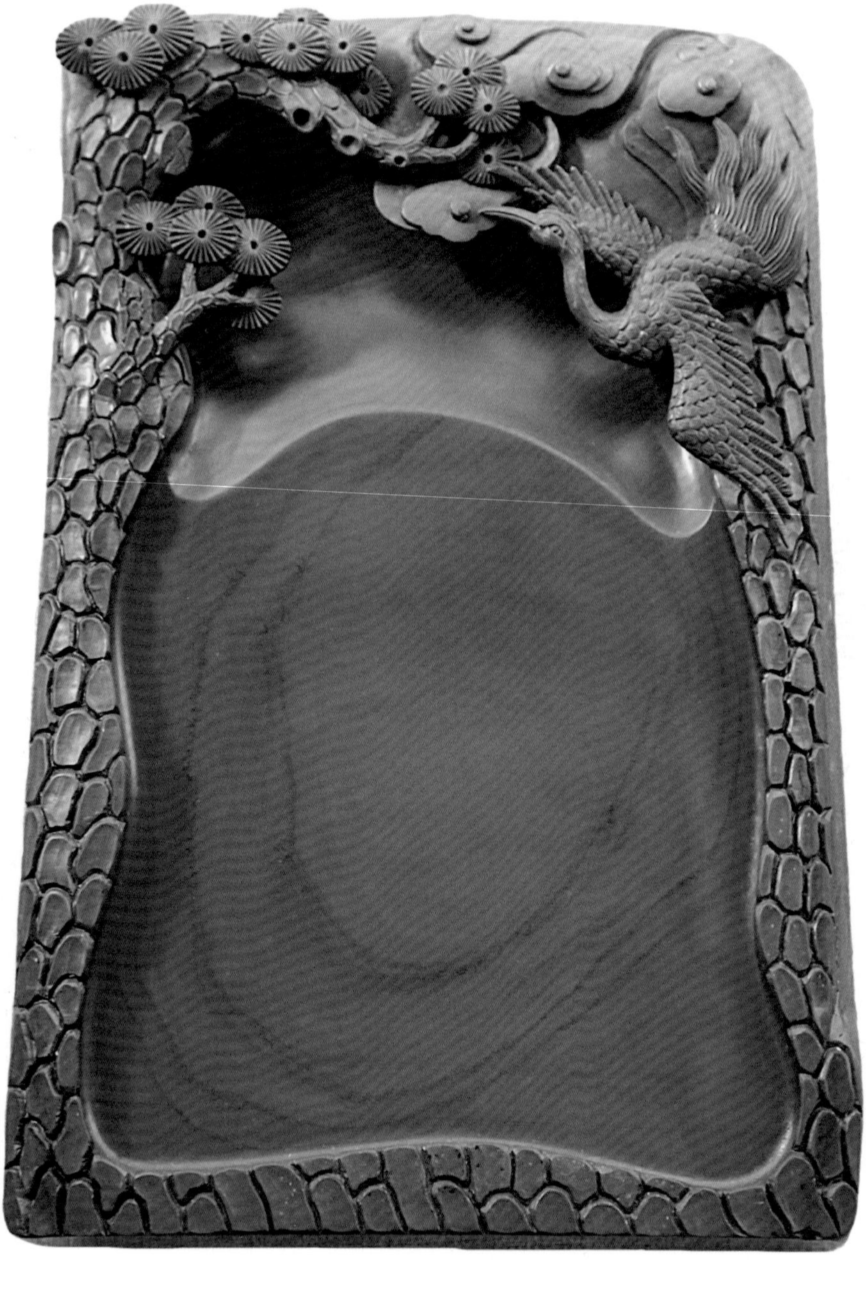

松鹤延年
36cm × 24cm × 6cm
作者：王令

岁寒三友
56cm × 34cm × 8.5cm
作者：王令

岁寒三友

56cm × 34cm × 8.5cm

作者：王令

富贵三羊
62cm × 36cm × 7.5cm
作者：王令

三龙砚
43cm × 30cm × 11cm
作者：王令

九龟荷叶
32cm × 30cm × 5cm
作者：廖胡兵

龙凤呈祥
55cm × 37cm × 6cm
作者：廖胡兵

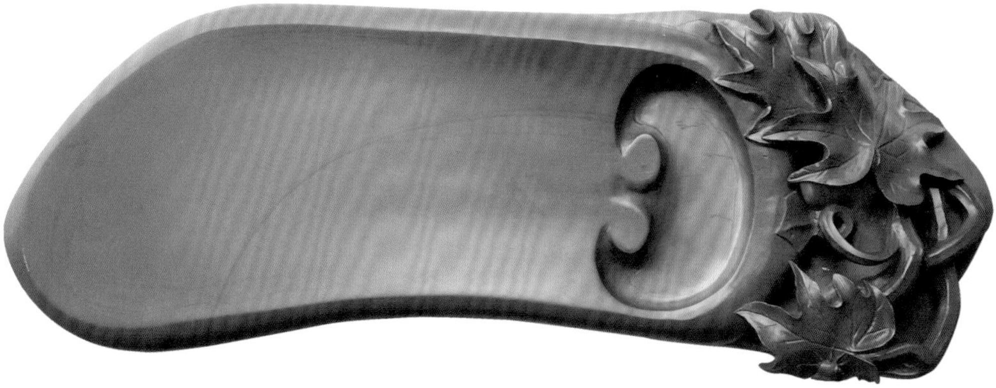

秋趣
34cm × 13cm × 5cm
作者：刘显梅

门内有寿
26cm × 16cm × 5cm
作者：饶亚农

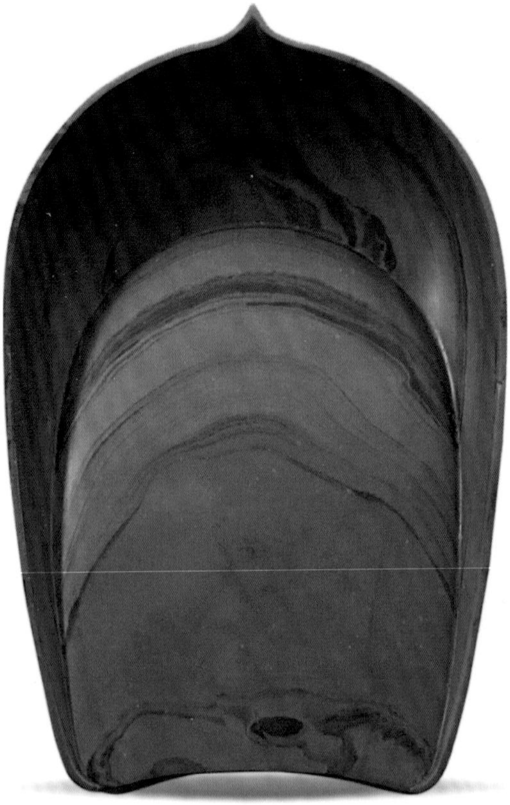

写经砚
23cm × 16cm × 5cm
作者：刘显梅

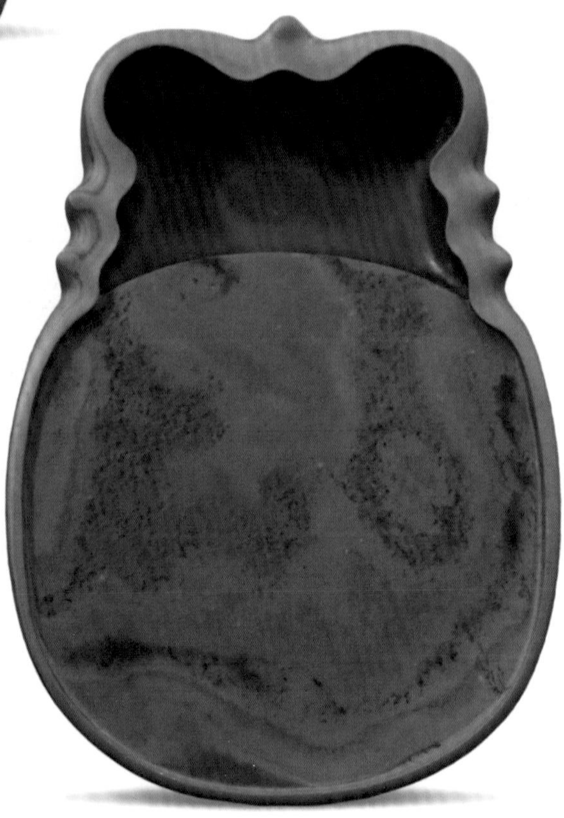

蝉形砚
26cm × 18cm × 5cm
作者：刘显梅

双龙戏珠
43cm × 32cm × 7cm
作者：赖冬生

绿石阴浓夏日长
58cm × 36cm × 6cm
作者：赖冬生

福寿双全
34cm × 23cm × 5cm
作者：丁黄桂

荷塘情趣
34cm × 24cm × 5cm
设计：王令
制作：胡应兴

春江水暖鸭先知
42cm × 36cm × 6cm
作者：刘显梅

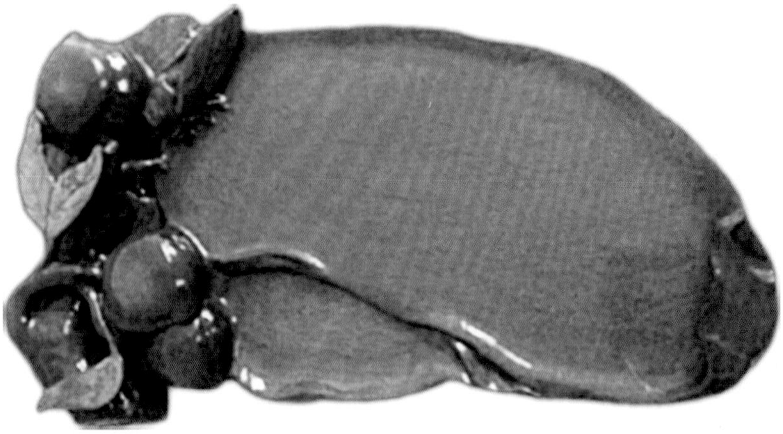

硕果累累
22cm × 12cm × 8cm
作者：丁黄桂

松鹤延年
32cm × 21cm × 3.5cm
作者：胡应兴

天然山水平板砚
23cm × 23cm × 5cm
作者：刘显梅

一家亲
41cm × 39cm × 7cm
作者：王令

知足常乐砚
26cm × 20cm × 5cm
作者：周存根

双龙戏珠
45cm × 23cm × 7cm
作者：周存根

貔貅
90cm × 60cm × 33cm
作者：王令　丁黄桂　丁奇珍

大展宏图
29cm × 17cm × 8cm
作者：王令

第九章

馆藏王令作品选录

秋收颂
130cm × 63cm × 6cm
中国非物质文化遗产馆收藏

作品为一块长130cm、宽63cm、高6cm的完整石材，无任何外饰。《秋收颂》采用修水天然赭石全手工制作而成，赭绿两色，绿色有天然水草纹，石体温润细腻、精巧，发墨细快、利毫。图中房子和瓦片系用1~2毫米刀具雕刻，用时一年有余。因工农革命军第一面军旗是在修水设计、制作并率先升起的，修水也是秋收起义的主要策源地，故有此作。

画面右上方设计为工农革命军战斗场面，进攻左下方团部，左上方引用毛泽东主席诗词《西江月·秋收起义》[1]——军叫工农革命，旗号镰刀斧头，修铜一带不停留，便向平浏直进，地主重重压迫，农民个个同仇，秋收时节暮云沉，霹雳一声暴动。正上方设计一方9cm × 4.9cm图章，用篆刻手法雕刻“庆祝中国共产党建党一百周年”字样。其中49代表中华人民共和国于1949年成立。

① 编者注：《秋收起义》一首，初由谢觉哉引录，原文题目为《秋收暴动》。此词毛泽东生前未正式发表。后在1986年由人民文学出版社出版的《毛泽东诗词选》中收入发表，题目改为《秋收起义》。谢文引录原文的两句：“修铜一带不停留，便向平浏直进。”发表时其中的“修铜”“便向”“平浏”根据作者修改的抄件分别改为“匡庐”“要向”“潇湘”。参见龚国基著：《毛泽东与中国现代诗人》，《中央文献出版社》2014年，第89页。

荷花仙子
53cm × 33cm × 7cm
中国非物质文化遗产馆收藏

《荷花仙子》选料精细，采用修水天然赭石，石理温润细腻，有益毫的作用，纹理丰富，赭绿两色。该砚为纯手工制作而成，整幅画面生动、逼真，刀法细腻，从设计到制作用时四月有余。采用镂空、深浮雕手法，制作难度大，砚堂开阔饱满，写意的荷叶作砚池，符合实用、美观、大方原则，巧用绿色作荷叶画面，用赭色作砚堂砚池，颜色形成对比，色泽厚重。该砚体形硕大，乃集实用、欣赏、收藏价值于一体的砚中珍品。

牛转乾坤
28cm × 17cm × 5cm
中国非物质文化遗产馆收藏

作品为一块长28cm、宽17cm、高5.5cm的石材，无任何外饰。石材采用修水天然赭石，由天然的赭绿两色组成，绿色有天然水草纹，石理细润，石色醇厚，厚重大方，发墨细快、利毫。

该砚利用石色巧雕，全手工制作而成。刀法干净细腻，砚池中有两头牛在水中嬉戏，左边一条牛在回头望，形成呼应，牛身采用镂空手法，砚边用浮雕手法做水波纹，上边中做太阳，太阳两边做水浪代表官帽，后边是如意云，代表吉祥如意，再后各做两个水波浪代表连升三级，砚上两角各一只蝙蝠，代表福到。该砚是一方集实用、欣赏、收藏于一体的不可多得的好砚。

龙行天下
36cm × 36cm × 7cm
湖北省非遗博物馆收藏

此砚石材为天然赭砚，石质温润，色彩柔和，作品取传统器物——米筛开合之势，显古朴、典雅趣味。底托构图饱满，取天圆地方之势，刻游龙一条，张扬有力，浅雕云纹烘托其飞翔之势，盖面取传统竹筛纹饰，张弛有度，疏密有序，制作工艺精湛。

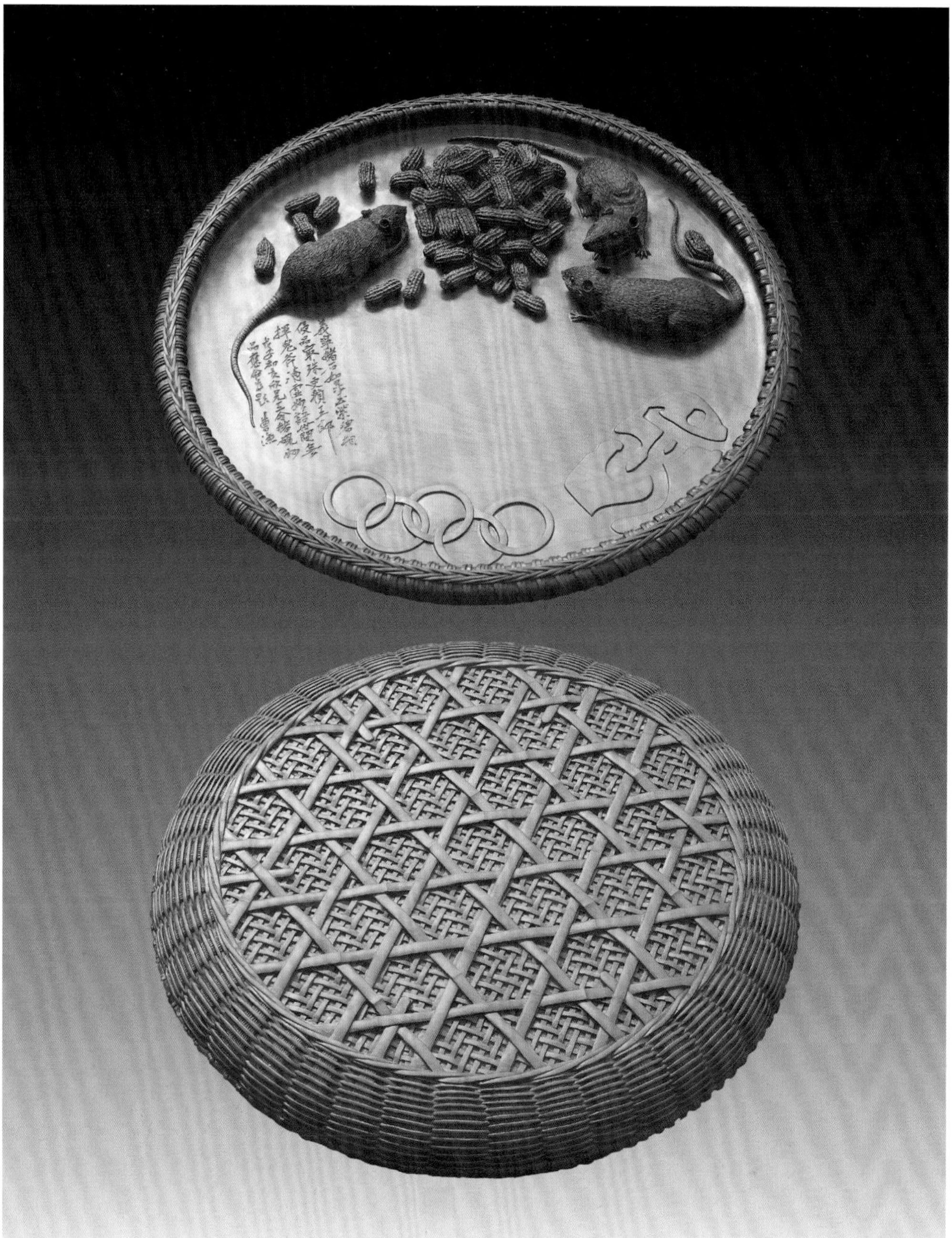

庆祝奥运
42cm × 42cm × 7cm
湖北省非遗博物馆
收藏

筛出世界精英，参加百年盛会。鼠是2008年的生肖，花生代表吉祥，作品下面有奥运五环和在中国召开的会标，用修水天然赭石翠绿两色，嵌水波纹、金晕等纹理，砚质不坚不燥、湿润细腻、滑而不涩，用立体手法展现三只老鼠的三种动态，一只在吃花生，一只刚刚靠拢，一只在望风。花生刚被老鼠散开。五环会标采用浮雕技法，砚上镌刻诗一首："义宁赭石如鼠玉，紫碧相侵品最殊，更赖王郎挥鬼斧，清虚妙语世间无。"反面取米筛形状浮雕而成，作品创作历经13个半月时间，融书法、雕刻、绘画于一体。

福禄东海
36cm × 36cm × 8cm
湖北省非遗博物馆收藏

整件作品取民间米筛形状，分上盖和底托两部分，边沿高耸，黑海深沉，再衬以福字，寓意福如东海，寄托美好祝福，全赭色石材中间有大片金晕。

三鼠嬉戏
27cm × 23cm × 5cm
江西博物馆收藏

该砚台突出的是实用功能，砚堂、砚池所占比例大，砚边设花生数枚，砚边奔跑的老鼠三只，纤毫毕现，栩栩如生。

硕果累累
32cm × 23cm × 5cm
江西省工艺美术馆收藏

采用修水天然赭石，全手工制作，葡萄叶与苍劲有力的藤顺风向，结着丰硕果实。砚堂、砚池雕刻成葡萄形状，大方、美观、实用，天然赭色浑厚、稳重，意在一年丰收之际，粒归仓，寓丰收喜悦、人丁兴旺发达、多子多福之意。

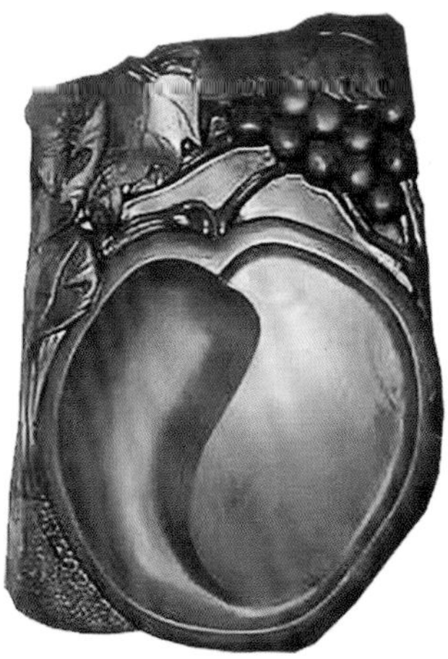

五鼠闹春
50cm×50cm×7.5cm
江西省非遗展览馆

2010年秋至2011年夏由王令创作完成，在2014年中国（深圳）文博会上获得银奖。该砚用修水县梅岭赭石创作，有天然赭色与翠绿色，自然水波纹，石材长宽厚在贡砚石材中较大，石质坚而不顽，触笔细而不滑，发墨速而不粗，储水久不涸，采用立体雕、浮雕手法，雕刻细腻精巧，中间用花生、老鼠图案，花生代表吉祥，落地生根。老鼠代表财神，多子多福。该砚花了13个月精心制作完成，老鼠动态各异，一堆花生被老鼠散开。寓意春种冬藏，丰收喜悦，人丁兴旺，富贵吉祥。

岁寒三友
48cm × 30cm × 7.5cm
九江市非遗馆收藏

该作品突出艺术收藏价值，砚堂、砚池位于次要位置，创作者将功夫更多地用在松、竹、梅的雕刻上，并颇见功力，剥落的松皮、遒劲的梅枝、简约的竹叶，组成大写意群体，生动呈现出千古文人赞颂的三友风骨。

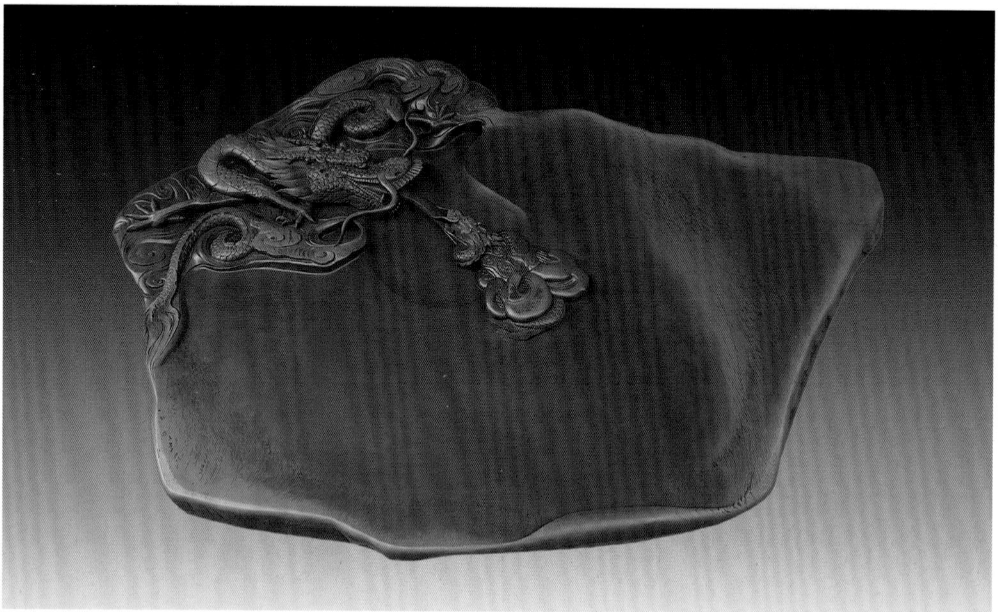

苍龙教子
128cm × 70cm × 6cm
九江市非遗馆收藏

砚材色分赭翠，浑然一体。设计大胆突破，于不对称中求统一。作品设计了阔大的砚堂，小巧的砚池，砚面饰一条苍劲的龙、一条纤细的幼龙，老龙正哺育幼龙，有无限怜爱之意。

单凤朝阳
20cm × 18cm × 3.5cm
九江市非遗馆收藏

砚台材质细腻、温润、实用性强，再饰以展翅单凤，兼具欣赏价值。

苏黄对弈
136cm × 68cm × 6.5cm
修水县黄庭坚纪念馆收藏

整件作品强调欣赏价值，工艺细腻精湛。砚面过二分之一位置设计、雕刻成道劲老松，松下的对弈老翁，交替使用浅浮雕、深浮雕、镂空雕等手法，形象生动，效果明显。

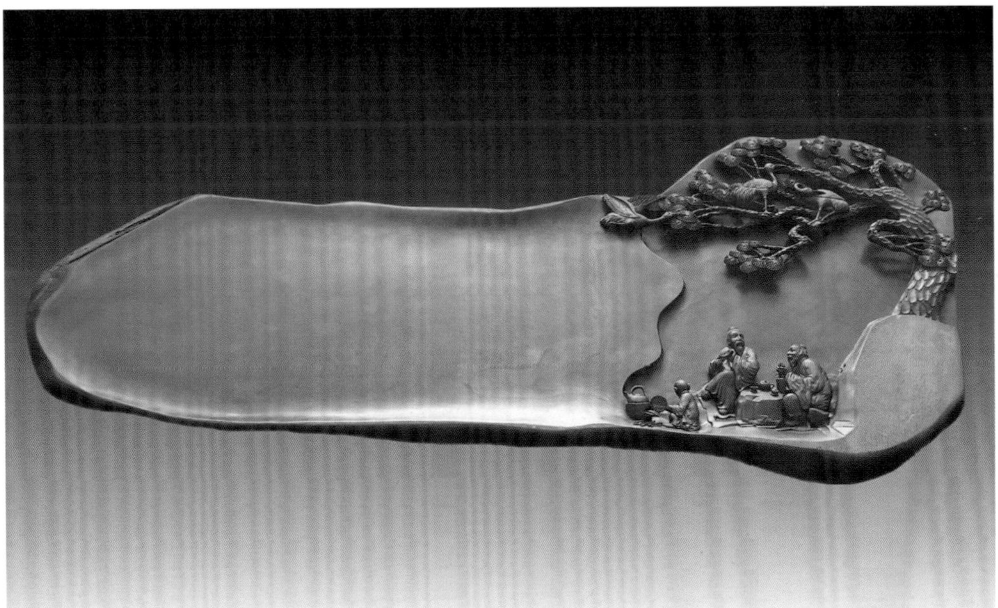

茶圣
128cm × 63cm × 6cm
修水县博物馆收藏

此砚台是薄型砚代表作，利用砚石狭长轻薄形态，巧加雕琢，线条流畅大方，右侧石块较厚，采用深浮雕技法，饰以苍松白鹭，对弈老者，平添作品趣味。

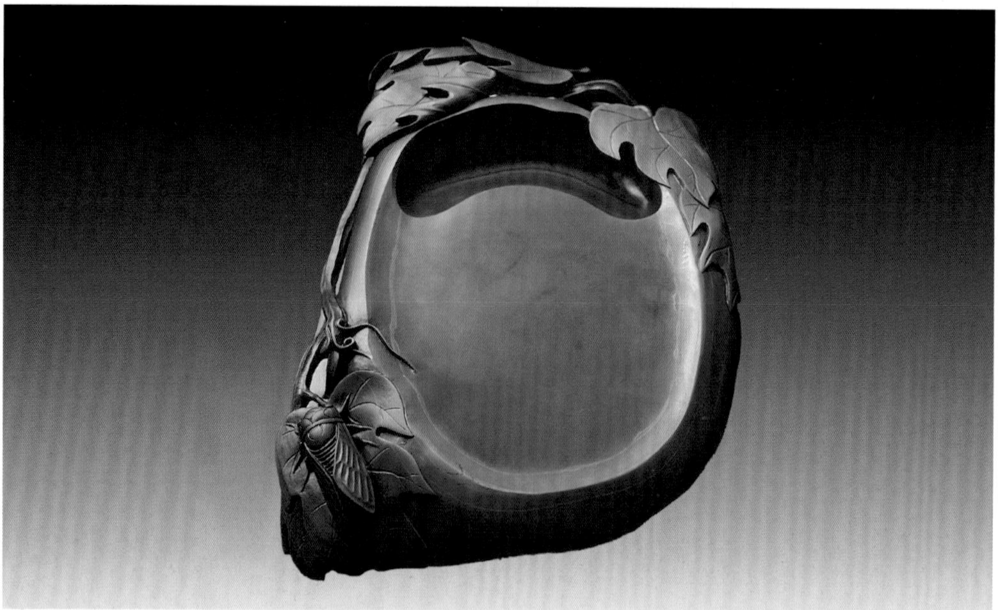

秋趣
34cm × 26cm × 7cm
修水县博物馆收藏

椭圆形的砚石主体部分被设计为砚堂、砚池，突出了砚的实用功能，砚边刻瓜藤草一根，瓜叶数片，秋蝉一只，起衬托主体作用。

龙行天下
34cm × 26cm × 4.5cm
修水县博物馆收藏

砚台上四分之一处雕有龙在云中穿梭，三藏三现，又有天然山水图案作砚堂，中间有砚池，采用镂空、浮雕手法，线条流畅，细腻精巧，实用、大方、美观。此砚由王令设计、周存根制作。

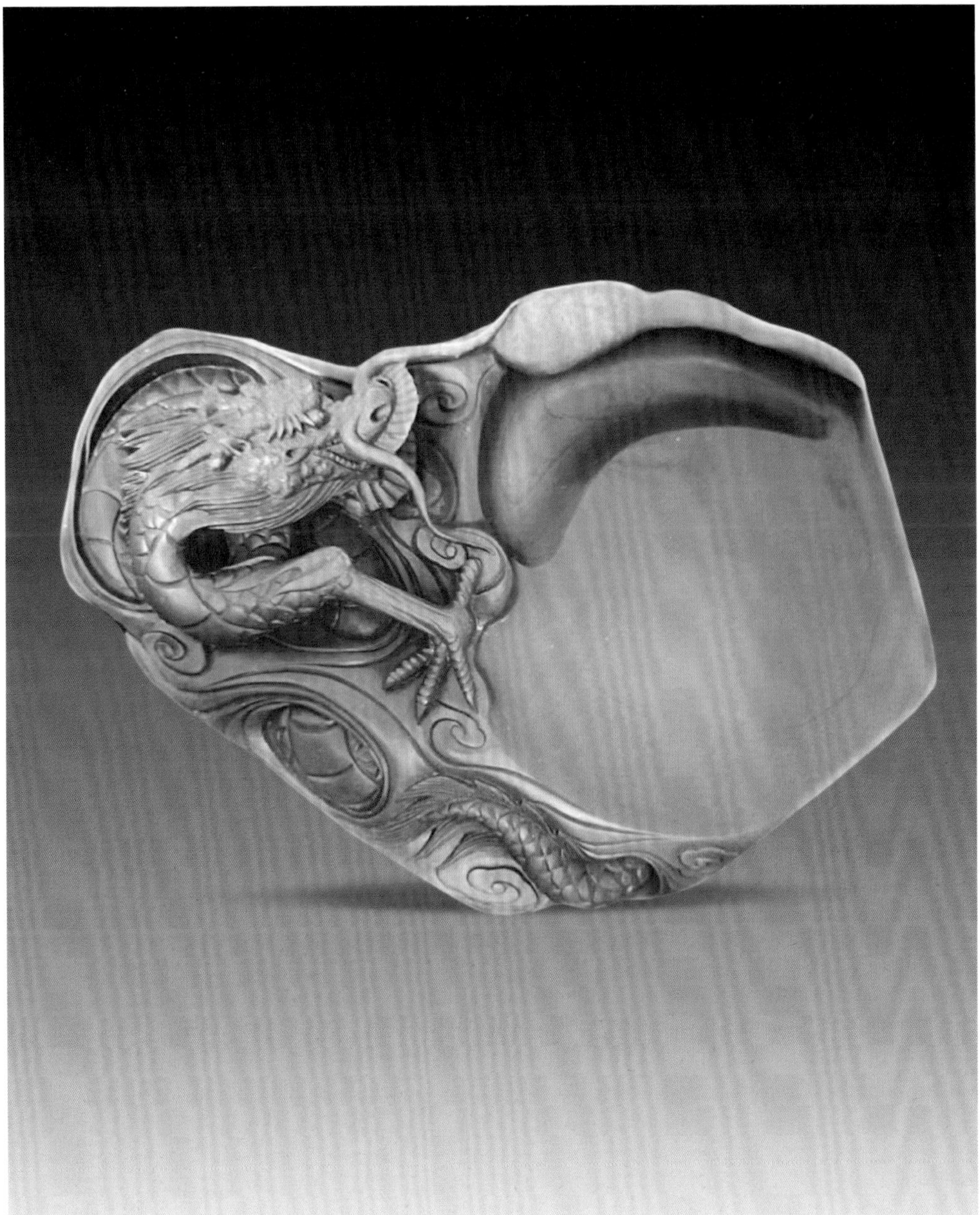

云龙砚
33cm × 20cm × 6.5cm
九江史志馆收藏

云龙砚采用修水老坑赭石全手工制作而成。左边苍龙在云中穿梭，苍劲有力，威风正视。右边上方用大写意水浪作为砚边，也可用作笔架。开堂饱满、实用，观赏石质温润细腻，有益毫作用。

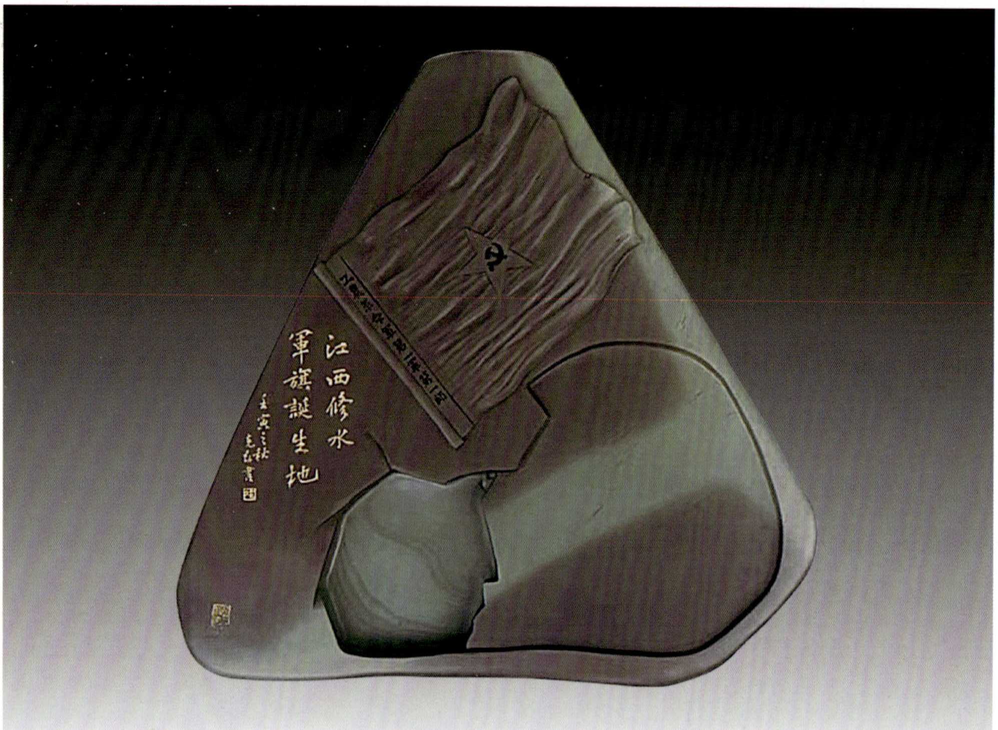

江西修水军旗诞生地
35cm × 31cm × 5cm
修水县秋收纪念馆收藏

此砚采用四都镇梅岭砚石，色分赭翠，色泽柔和温润，工农革命军第一师第一团的旗帜用浅浮雕技法勾勒，呈轻灵飘动状态。作品主题鲜明，技法娴熟。

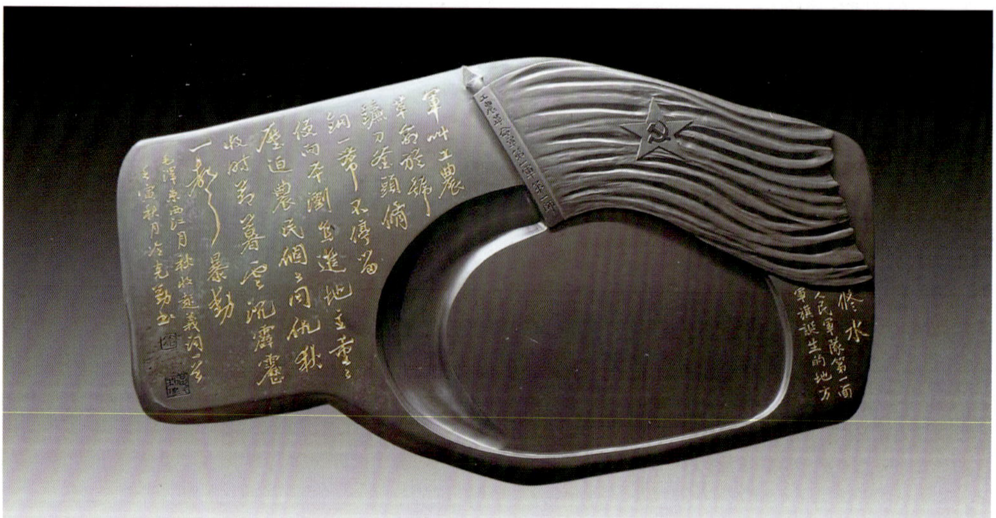

第一面军旗诞生地
43cm × 26cm × 5.5cm
修水县秋收纪念馆收藏

此砚构思精巧，取手枪形态，象征革命，紧凑的砚面呈现工农革命军旗帜、《西江月·秋收暴动》词，内涵丰富，与开阔的砚堂形成鲜明对比，一虚一实，一动一静，生趣盎然。

参考文献

[1]（宋）米芾：《砚史》，中国书店，2014年。

[2]（宋）杜绾：《云林石谱》，重庆出版社，2009年。

[3]（宋）高似孙：《砚笺》，浙江人民美术出版社，2017年。

[4]（清）王维新等修：《义宁州志》（同治版），江苏古籍出版社，1996年。

[5] 桑行之：《说砚》，上海科技教育出版社，1994年。

[6] 李尧：《石砚鉴定》，福建美术出版社，2011年。

[7] 修水县政协文史委编：《修水史稿》，2009年。

[8] 九江市工业九江联合会编：《九江工业史》，江西人民出版社，2019年。

[9] 戴嵩青编：《修水县文物志》，中国文史出版社，2014年。

后记

走近修水贡砚

我与王令结识多年，不过仅限于欣赏他的新作。我的本职工作是写公文，王令则是雕刻大师，两个人工作性质不同局限了我们进一步的彼此了解。直到今年7月份他找到我，介绍说北京《中华砚文化大典》联合会将编辑一套丛书，已经确定《修水贡砚》入选，希望我参与撰写工作。考虑到修水贡砚雕刻技艺是国家级非物质文化遗产代表性项目，宣传、推介贡砚是每一个修水人的义务，我接受了任务，同时提出要求：把你掌握的资料全部提供给我学习，包括相关专业书籍；跟着你学一段时间，争取不做门外汉，不说外行话。王令爽快答应。

首先，王令带我去认识砚石。我们几个人乘车到了四都梅岭，下车后，眼前是宽阔的修江。王令大声喊叫对面的住户，好不容易看见一个男人解了一条小船慢悠悠地摇着双桨向我们走来，近二十分钟才靠岸。我们陆续上小船，小船吃水很深，摇摆得厉害。船主警告我们坐好，不要左顾右盼，他这个船不是木船，是玻璃钢的，翻了只会向水里沉。大家一听，知道后果严重，一个个抓着船帮正襟危坐。好不容易上了岸，知道我们要去寻找砚石坑口，船主人指指岭上说："去年采石的坑口今年上半年就被山体滑坡掩盖了，杂树杂草长得有一人多高，看不到什么。你们要看石头，就到我家看看。"我们几个商量一番，无奈跟着船主人到家，看了晒场堆放的砚石，又看了屋后阴阳沟堆放的砚石。我惊奇于砚石的美丽，那些绚丽花纹的石皮、纯净的赭色石膘叫我大开眼界，马上用手机拍了照片，通过微信告诉朋友，不一会就收到许多回信，赞叹的有之，好奇的有之，也有远在上海的朋友拜托一定捎带几块石头回家，他要留作收藏。这为我参与撰写好《修水贡砚》这本书增添了信心。

再说雕刻。俗话说，“精工出细活”，我到王令工作室看他工作，问了一些需要了解的问题，终于知道修水砚石纹理丰富，有金晕、鸡血藤、水波纹、牛毛纹、绿豆青等；石品种类多，赭色最好，翠绿次之；雕刻工艺精致，王令借某大师话概括，“修水贡砚雕刻既有北派豪放，又有南派婉约”，细问之，他以雕刻龙爪打比方，北派雕刻龙爪仅用寥寥几刀表达意思就成，像美术中的写意山水画；南派刀数繁复、细腻，就像工笔细描，而修水贡砚雕刻糅合两者长处，该详则详，该简则简，独具特色。他又给我看了几本砚台画册，我的印象更鲜明了。不过在我看来，王令整天都在忙，沉得住心性，一件小品花个把星期是常事，一件大作品花几个月常见，如《庆祝奥运》的雕刻，他花了13个月，时间花得多，收获也大，2015年为他争得了中国轻工业联合会、中国工艺美术学会等举办的中国工艺美术“百花奖”竞赛中的“百花奖”。工作性质影响了王令的性格，他处世温和，处事不惊，我开玩笑概括他的性格为：慢慢来。

王令对修水贡砚贡献颇大，他争取县文化主管部门支持，申报贡砚雕刻工艺为国家级非物质文化遗产项目成功；又团结带领一批艺人埋头苦干，不为喧嚣世界所动，踏踏实实地创作了一大批质量较高的作品，以实力证明了修水贡砚的存在。传承砚文化是当代每个有责任感的文化人的应有之义，有感于此，我学习其他砚台书籍编辑经验，在联合会关键先生的精心指导下，参与了《修水贡砚》一书部分文字撰稿，王令先生负责专业技术把关，九江学院张小谷博士、修水摄影家协会冷伍敏先生等精心拍摄照片，大家通力合作，才完成此书。

本书由九江市民间文艺家协会主席、九江市非遗保护中心原主任高平担任顾问，庐山金星砚非遗代表性传承人李平汉、熊先盛、刘先年、刘中华，武汉理工大学艺术与设计学院杨四宝博士参与修水贡砚工艺设计的撰写，协助完成了修水矿坑分布调查。感谢各位领导、专家老师、社会爱好者长期以来的关心、支持、指导。特别是修水县文广新旅局戴嵩青、陈拥军、梁红等各届领导，修水县红色基因及文化传统发展中心余昌清主任、樊仕华副主任，修水县博物馆陈龙老师等给予了大力支持，在此一并致以真诚谢意！

因能力有限，条件所囿，一定多有漏憾之处，敬请方家批评指正！

是以为记。

罗贤华

2022年8月31日